I0484152

Elektronik

für Ingenieurstudenten nichtelektrotechnischer Fachrichtungen

Ausgabe 10.2013

© Copyright 2015, Prof. Dr. Günter Schmitz

Alle Rechte vorbehalten

ISBN: 150880303X

ISBN-13: 978-1508803034

Veneterstr. 23,

52074 Aachen

Deutschland

Vorwort

Dieses Buch richtet sich an Studierende des Maschinenbaus, der Luft- und Raumfahrttechnik und anderer nichtelektrotechnischer Fachrichtungen.

Durch Verwendung von Analogien z.B. zu Druck und Durchflussmengen von Wasser wird dem Leser der Einstieg in die Elektronik stark erleichtert. Durch die leicht verständlichen Erklärungen sind auch Leser, die bisher keinen Kontakt zur Elektronik hatten in der Lage, den Stoff zu verstehen.

Dieses Buch entstand im Rahmen einer Vorlesung, die der Autor als Professor an der FH Aachen seit vielen Jahren abhält.

Der Stil dieses Buches ist von daher auch in einer Art gehalten, die dem einer Vorlesung entspricht.

Diese Buch ist auch als Vollfarbenversion unter der ISBN-Nr. 978-1482703078 erhältlich.

Inhalt

4   DIGITALTECHNIK   122

A   ANHANG   135

Die „Elektronik" ist der Teilbereich der Elektrotechnik, bei der eine Steuerung mit Hilfe von Elektronen erfolgt. Früher wurden entsprechende Schaltungen mit Elektronenröhren aufgebaut. Heutzutage werden bis auf wenige Spezialgebiete durchweg sogenannte „Halbleiter" eingesetzt. Dabei handelt es sich um Bauteile aus Materialien, die selbst den Strom nur sehr schlecht leiten, aber durch Eindiffusion oder Implantation von Fremdatomen („Dotierung") zu guten Leitern werden können. Je nach Element, das zur Dotierung verwendet wird, kommt es zu einer Leitung durch positive Ladungsträger (p-Dotierung) oder durch negative Ladungsträger (n-Dotierung). Bei den negativen Ladungsträgern handelt es sich um Elektronen und bei den positiven Ladungsträgern um „fehlende Elektronen", die auch als „Löcher" bezeichnet werden. Durch Kombination mehrerer unterschiedlicher Dotierungszonen ist es möglich, Bauelemente mit sehr interessanten Funktionen herzustellen.

Das am meisten verwendete Halbleitermaterial ist das Element Silizium. Es kommt auf der Erde wie „Sand am Meer" vor, genauer gesagt ist es in den meisten Sandsorten in Form von Siliziumdioxid enthalten.

1 Dioden

1.1 Das Bauelement Diode

Als erstes Halbleiterbauelement lernen wir nun die Diode kennen. Dioden bestehen aus Halbleitern mit zwei unterschiedlichen Dotierungszonen (im Bild 1 als p und n bezeichnet).

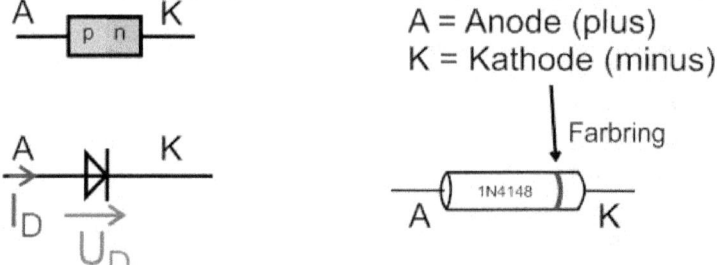

Bild 1: p-n Übergang, Schaltsymbol und praktische Ausführung einer Diode

Durch den p-n-Übergang kommt es zu einem Verhalten wie bei einem Einwege-Ventil: In einer Richtung lässt die Diode einen Durchfluss zu und in der anderen Richtung nicht. Erklärbar ist dieser Effekt dadurch, dass bei Anlegen einer Spannung in Durchlassrichtung (plus an die Anode) die positiven Ladungsträger der p-dotierten Zone vom Minuspol (der Kathode) angezogen werden und die negativen Ladungsträger aus der n-dotierten Zone von der Anode (dem Pluspol) angezogen werden. In der Mitte „rekombinieren" dann die Löcher und Elektronen. Es findet eine Ladungstransport statt.

Wird jedoch eine positive Spannung an die Kathode angelegt und eine negative an die Anode, so werden die Ladungsträger aus der p-Zone zur Anode (in diesem Fall der „Minuspol") angezogen und die n-Ladungsträger von der Kathode. In der Mitte bildet sich dann eine ladungsträgerfreie Zone, die sogenannte Raumladungszone. Durch das Fehlen der Ladungsträger in der Mitte wird ein Stromfluss unterbunden.

Zum besseren Verständnis ist in Bild 2 das hydraulische Äquivalent zur Diode dargestellt: das Rückschlagventil. Wenn rechts am Ventil ein höherer Druck als links anliegt, bleibt das Ventil geschlossen. Liegt links am Ventil ein höherer Druck an als rechts, so öffnet das Ventil (je nach Feder ab einer gewissen Druckdifferenz).

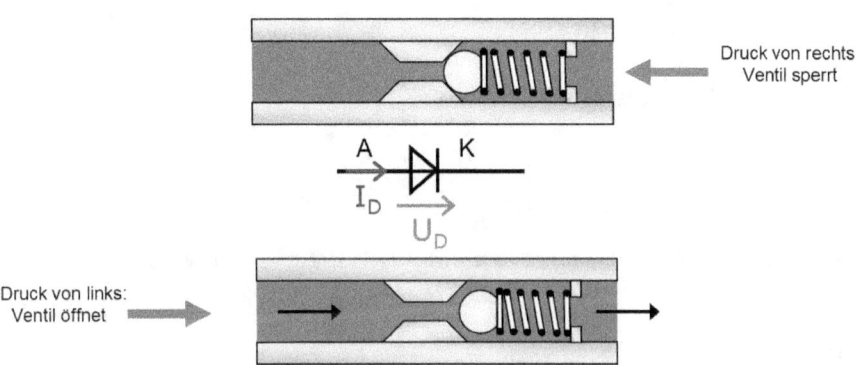

Bild 2: Hydraulisches Äquivalent der Diode: Rückschlagventil

Bild 3 zeigt das hydraulische Symbol für ein derartiges Rückschlagventil.

Bild 3: Symbol eines Rückschlagventils in der Hydraulik

Analysiert man den genauen Verlauf des Stromes I_D in Abhängigkeit der Spannung an der Diode U_D, so erhält man einen Verlauf gemäß Bild 4.

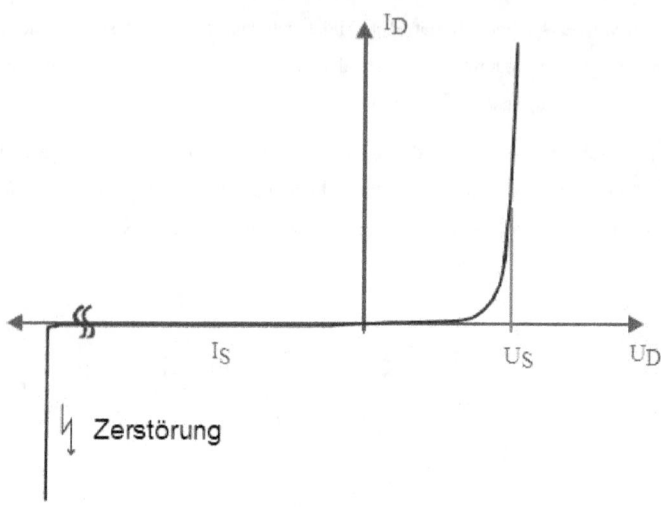

Bild 4: Kennlinie einer Halbleiterdiode

Die erhaltene Kurve lässt sich auch mathematisch beschreiben und zwar durch eine e-Funktion:

$$I_D = I_S \cdot (e^{U_D/U_T} - 1)$$

mit I_S :   Sperrstrom

        U_T :   Temperaturspannung, bei Raumtemperatur ca. 25mV

Da im Sperrbereich der Term mit der e-Funktion klein gegen 1 ist, kann im gesamten Sperrbereich der Sperrstrom I_S als praktisch konstant angesehen werden. Der Sperrstrom ist unter anderem materialabhängig und liegt für Siliziumdioden bei ca. 5 bis 500nA und für Germanium bei 10-500µA.

Typische maximal zulässige Durchlassströme liegen bei Dioden je nach Typ ab 100mA bis hin zu einigen kA.

Die maximale Sperrspannung (also Diodenspannung in Sperrrichtung) liegt bei Kleinsignaldioden bei 100V-200V, bei üblichen Gleichrichterdioden um 400 bis 1000V und bei Spezialdioden im kV-Bereich. Wird diese Spannung überschritten, kommt es zur Zerstörung der Diode.

Besonders interessant ist die Spannung im Durchlassbereich. Der im Diagramm eingezeichnete Spannungswert U_S, die sogenannte Schleusenspannung, ist definiert als diejenige Spannung, bei der der Strom 10% des maximal zulässigen Wertes erreicht hat. U_S liegt bei Silizium-Dioden bei etwa 0,7V und bei Germanium-Dioden bei etwa 0,3V.

Aufgrund der im Durchlassbereich sehr steilen Kennlinie kann für die meisten praktischen Fälle als Idealisierung angenommen werden, dass die Spannung an der Si- Diode in Durchlassrichtung immer

0,7V beträgt, sobald ein Strom fließt und dass der Strom Null ist, wenn eine negative Spannung an der Diode anliegt.

Anmerkung: Die Spannung U_D, so wie sie hier definiert ist, wird auch als U_F bezeichnet (Spannung in „Forward"- Richtung) sowie der Strom in Durchlassrichtung auch als I_F bezeichnet wird. Eine Spannung in Gegenrichtung wird dann als U_R (R = Reverse) und ein entsprechender Strom dann als I_R bezeichnet.
Die genaue Kennlinie ist aufgrund der Temperaturabhängigkeit des Sperrstromes sowie der Temperaturspannung ebenfalls abhängig von der Temperatur. Man kann näherungsweise davon ausgehen, dass sich der Sperrstrom bei Si-Dioden alle 8° verdoppelt (10° bei GE-Dioden). Die Kennlinie verschiebt sich bei Temperaturerhöhung im Durchlassbereich zu höheren Strömen bzw. zu niedrigeren Spannungen. Der Effekt hinsichtlich der Spannung beträgt typisch 2 bis 3mV/K.

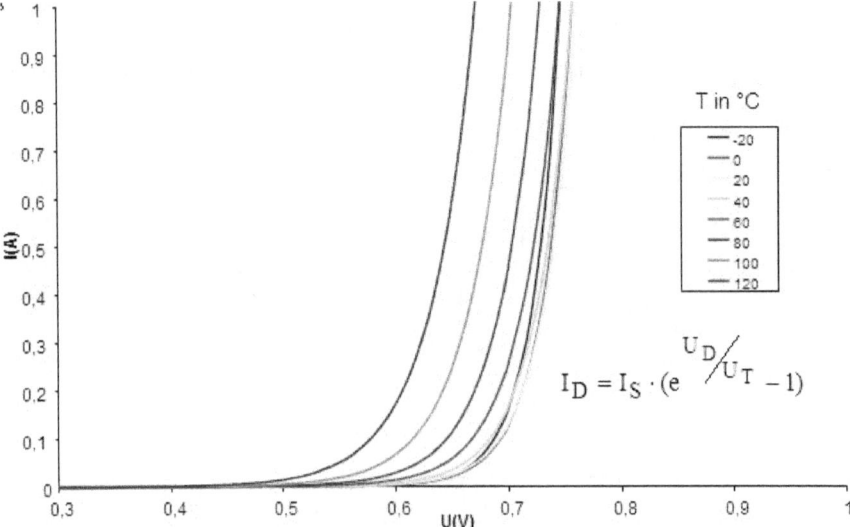

Bild 5: Temperaturabhängigkeit der Diodenkennlinien, T in °C

1.2 Die Diode im Stromkreis

Aufgrund des nichtlinearen Verhaltens der Diode ist die Analyse der Strom- und Spannungsverhältnisse in einem Stromkreis nicht so einfach wie bei Verwendung ausschließlich linearer Bauteile. Wir sehen uns zunächst einmal eine Schaltung aus einer Spannungsquelle, einem Widerstand und einer Diode an (Bild 6). Im folgenden Beispiel wollen wir zur Verdeutlichung der Verhältnisse eine relativ kleine Betriebsspannung $U_B = 2V$ annehmen und als Widerstandwert $R = 1k\Omega$ ansetzen.

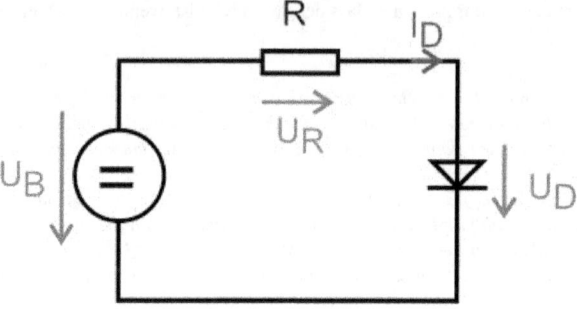

Bild 6: Diode im Stromkreis

Der Zusammenhang zwischen Strom und Spannung an der Diode liege in Form einer Kennlinie gemäß Bild 7 vor.

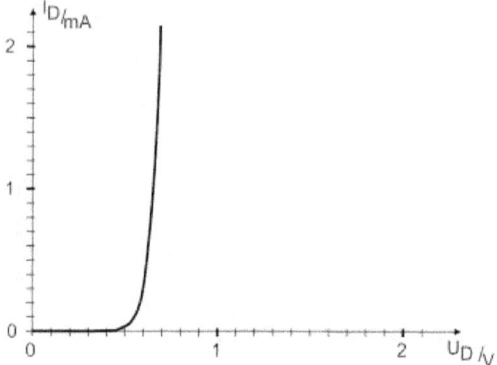

Bild 7: Kennlinie einer Diode im unteren Strom/Spannungsbereich

Eine analytische Lösung scheidet hierbei quasi aus. Somit bleibt die Möglichkeit, eine grafische Lösung zu versuchen und hierzu den Zusammenhang zwischen Strom und Spannung am Widerstand ebenfalls grafisch darzustellen (siehe Bild 8). Denn es gilt das Ohmsche Gesetz und somit:

$$I_D = I_R = \frac{U_R}{R}$$

Es ergibt sich also eine Gerade mit der Steigung 1/R, die sogenannte „Widerstandsgerade".

Für die grafische Lösung muss diese Gerade in das selbe Diagramm wie die Diodenkennlinie eingezeichnet werden. Hierzu muss über die Maschengleichung die Spannung am Widerstand U_R durch die Spannung an der Diode U_D ausgedrückt werden:

G. Schmitz: Elektronik für Ingenieurstudenten   © Copyright 2015

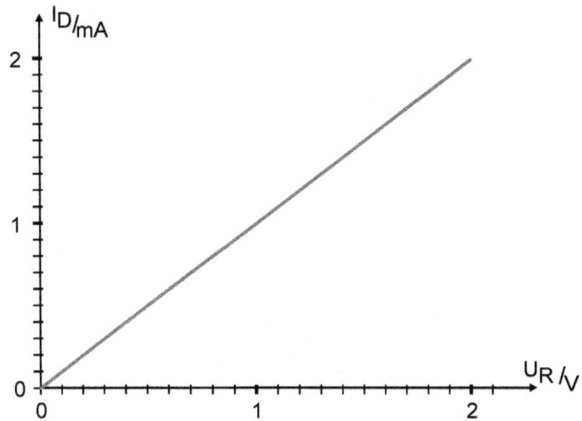

Bild 8: Strom in Abhängigkeit der Spannung beim Widerstand als grafische Darstellung

$$\sum U = 0 = U_B - U_R - U_D \implies U_D = U_B - U_R$$

bzw. für die Berechnung des Stromes aus der Spannung am Widerstand:

$$I = \frac{U_R}{R} = \frac{U_B - U_D}{R}$$, dies ergibt die Widerstandsgerade im Diagramm I_D über U_D (Bild 9):

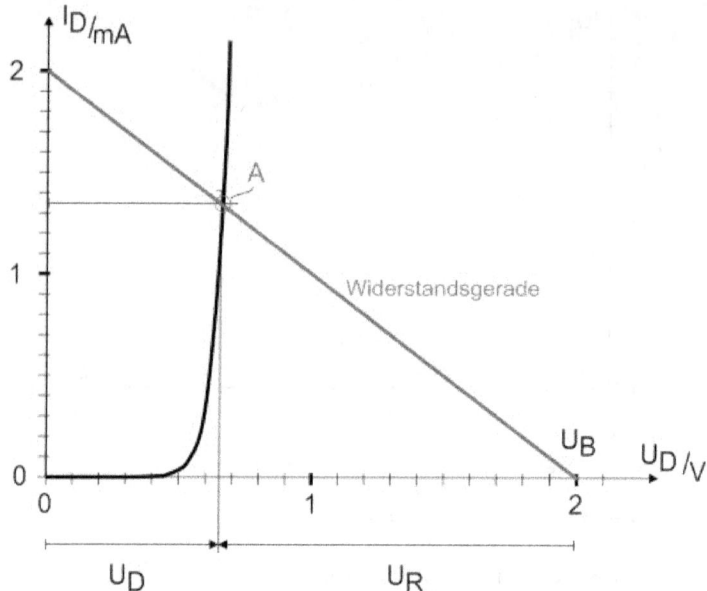

Bild 9: Grafische Lösung der Maschengleichung

Es müssen zwei Bedingungen erfüllt sein: der sich ergebende „Arbeitspunkt" A muss sowohl auf der Widerstandsgeraden als auch auf der Diodenkennlinie liegen. Also ist der Schnittpunkt der beiden Linien der sich einstellende Arbeitspunkt. Wir lesen also für das Beispiel ab:

U_D = 0,65V und I_D = 1,35 mA. Es würde auch reichen, nur einen der Werte abzulesen und den anderen aus der Maschengleichung zu ermitteln.

Im Folgenden soll dies nun auch durchgeführt werden. Hierzu wollen wir aber ein Beispiel mit etwas praxisüblicheren Werten verwenden.

G. Schmitz: Elektronik für Ingenieurstudenten   © Copyright 2015

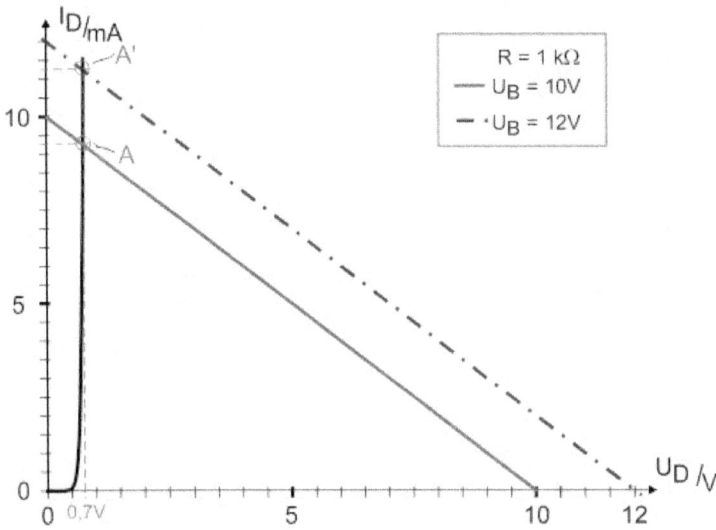

Bild 10: Grafische Lösung bei realistischeren Spannungen

Es wurde eine Spannung von U_B = 10V und ein Widerstand von 1kΩ gewählt. Das Diagramm in Bild 10 stellt nun einen größeren Spannungs- und Strombereich dar. Man erkennt, dass Kennlinie und Widerstandsgerade sich in diesem Fall bei einer Diodenspannung von etwa 0,7V schneiden (Arbeitspunkt A). Der sich dann ergebende Strom aus der Maschengleichung beträgt:

$$I = \frac{U_B - U_D}{R} = \frac{10V - 0{,}7V}{1k\Omega} = 9{,}3mA$$

Wird nun die Betriebsspannung U_B auf 12V erhöht, ergibt sich eine neue Widerstandsgerade (violette strichpunktierte Linie) sowie ein neuer Schnittpunkt A'. Auch hier beträgt die sich ergebende Diodenspannung aber etwa 0,7V. Der Strom ergibt sich dann rechnerisch (oder auch aus der Zeichnung) zu 11,3mA.

Wir erkennen, dass die Lösung für die Diodenspannung sich in beiden Fällen kaum unterscheidet und dass man somit auf eine zeichnerische Lösung meist verzichten kann. Man geht dann idealisierend davon aus, dass immer, wenn Strom durch die Diode fließt, eine Spannung von 0,7V an der (Silizium-)Diode vorliegt und dass unterhalb der Spannung von 0,7V kein Strom fließt (siehe Bild 11).

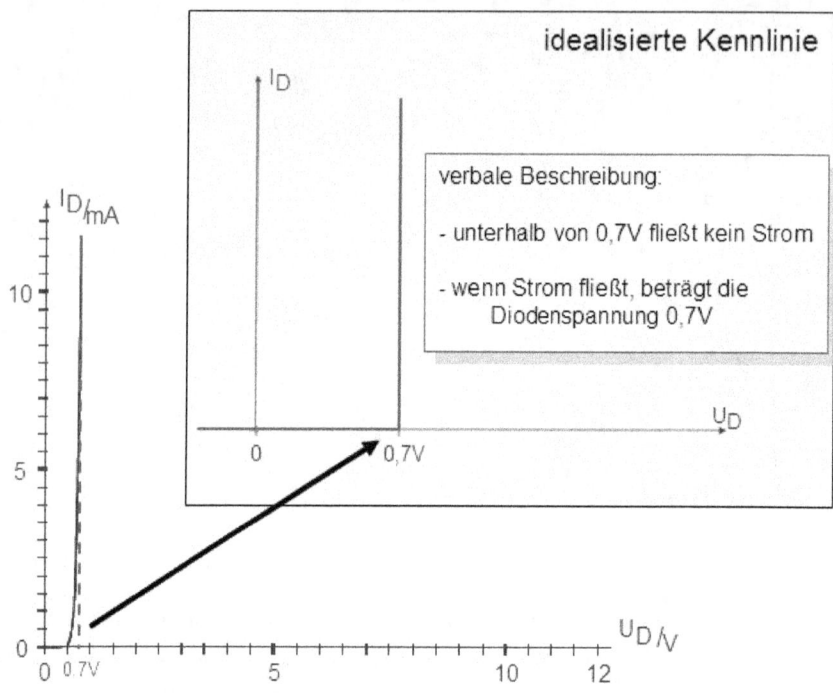

Bild 11: Idealisierte Kennlinie einer Siliziumdiode

1.3 Schaltungen mit Dioden

In diesem Kapitel sollen in der Praxis häufig verwendete Schaltungen mit Diode vorgestellt werden.

1.3.1 Einweggleichrichter

Ein häufiges Anwendungsgebiet für Dioden sind Gleichrichterschaltungen. Bild 12 zeigt eine einfache Gleichrichterschaltung mit einer Diode. Über einen Transformator wird beispielsweise die Netzspannung (im Bild als U_1 bezeichnet) auf eine Spannung U_2 heruntertransformiert. Die nachgeschaltete Diode lässt nur bei positiven Spannungen von U_2 überhaupt einen Strom fließen, so dass am Widerstand R nur noch die positiven Halbwellen ankommen.

 © Copyright 2015

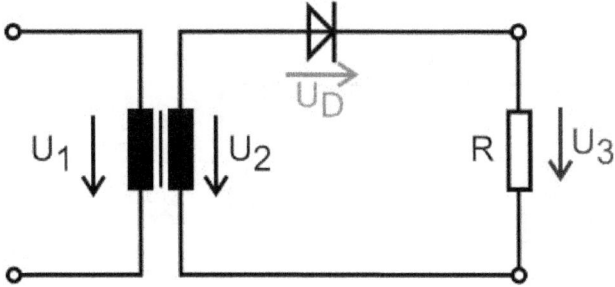

Bild 12: Einweggleichrichter

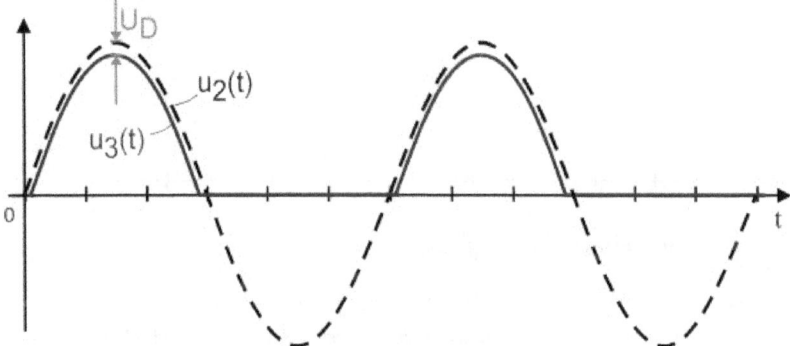

Bild 13: Spannungen bei der Einweggleichrichtung

Die maximale Ausgangsspannung liegt dann um die Diodenspannung U_D unterhalb des Spitzenwertes der Spannung U_2 vor der Diode. U_D beträgt bei den üblichen Siliziumgleichrichterdioden wiederum bei 0,7V. Die in Bild 13 in blau dargestellte Kurve für $u_3(t)$ stellt eine pulsierende Gleichspannung dar, die für die meisten praktischen Anwendungen ungeeignet ist. Durch Parallelschalten eines Energiespeichers zum Lastwiderstand R in Form eines Siebkondensators kann man jedoch den Spannungsverlauf glätten. Dies ist in Bild 14 dargestellt.

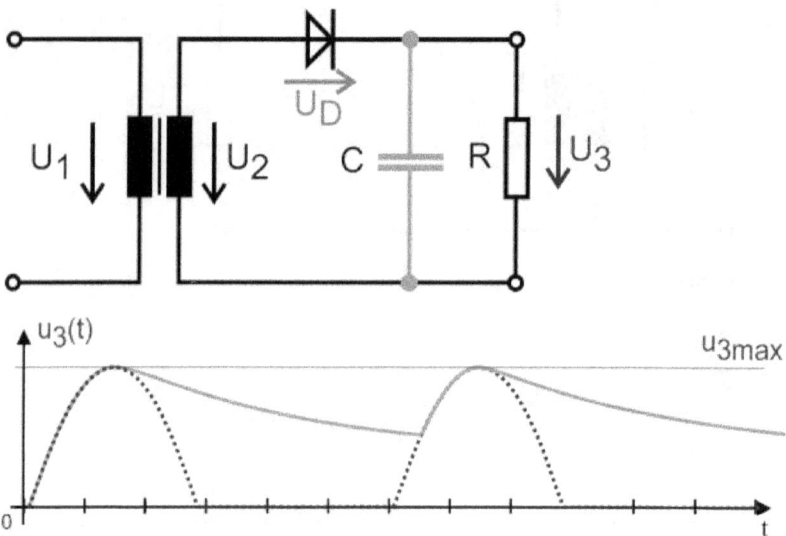

Bild 14: Einweggleichrichter mit Siebkondensator

Der Kondensator wird zunächst aufgeladen. Die Spannung sinkt in den „Tälern" nun nicht mehr auf Null ab, da der Kondensator seine Ladung an den Widerstand abgeben kann. Diese Entladekurve folgt der üblichen e-Funktion. Sobald die Spannung u_2 vor der Diode wieder ausreichend groß ist, wird der Kondensator erneut geladen. Ist die Schaltung unbelastet ($R \rightarrow \infty$) dann entlädt der Kondensator sich nicht mehr in den „Tälern" und die Spannung bleibt auf ihrem Maximalwert. Der Mittelwert der Spannung hängt also stark von der Belastung bzw. dem der Schaltung entnommenen Strom ab.

Die Berechnung der Maximalspannung u_{3max} aus der Wechselspannung U_2 erfolgt, indem zunächst der Spitzenwert der Wechselspannung ermittelt wird und davon die Diodenspannung abgezogen wird:

$$u_{3\,max} = \hat{u}_2 - U_D = \sqrt{2} \cdot U_2 - 0{,}7\mathrm{V}$$

G. Schmitz: Elektronik für Ingenieurstudenten   © Copyright 2015

1.3.2 Brückengleichrichter

Will man auch die zweite Halbwelle der Wechselspannung ausnutzen, so benötigt man einen sogenannten Brückengleichrichter (auch Graetz-Schaltung genannt).

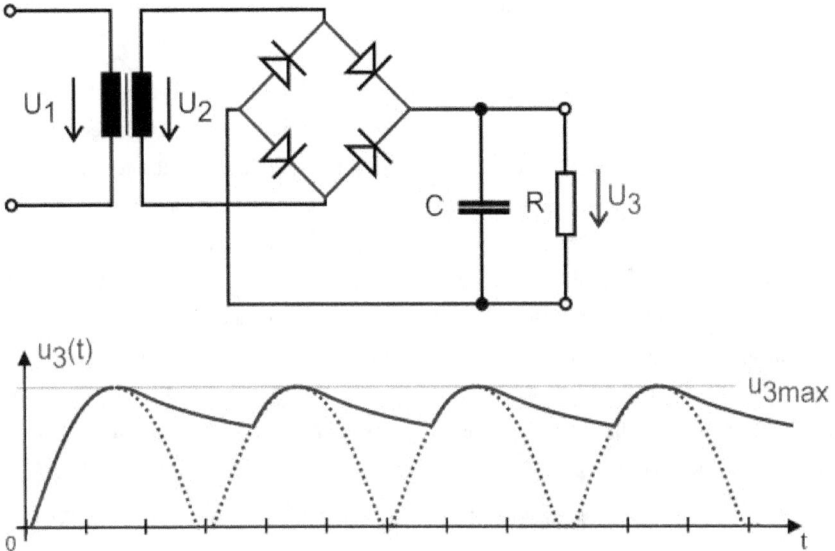

Bild 15: Brückengleichrichter mit Ausgangsspannungsverlauf

Durch die kürzere Zeit zwischen den Halbwellen kann eine effektivere Glättung durch den Kondensator erfolgen, die Spannung sinkt nicht so stark ab.

Bei der Berechnung der Maximalspannung ist aber zu beachten, dass jeweils zwei Diodenstrecken an
der Gleichrichtung beteiligt sind und somit der doppelte Spannungsabfall, also 1,4V wirksam wird.

*Der Widerstand R stellt quasi die „Nutzlast" der Schaltung dar. Eine Schaltung wie in Bild 15 ist in
den (preiswerten) Steckernetzteilen enthalten, die man für tragbare Geräte wie CD-Player o.ä. benutzt. Der Lastwiderstand R stellt dabei dann das zu versorgende Gerät dar.*

1.3.3 Begrenzerschaltungen

Aufgrund ihrer Eigenschaften, ab einer bestimmten Spannung den Strom nahezu ungehindert passieren zu lassen, eignen sich Dioden hervorragend als Spannungsbegrenzerschaltungen. Die Analogie bei der Hydraulik sind Druckbegrenzerventile, die ab einem bestimmten Druck öffnen und somit einen überhöhten Druck verhindern.

In Bild 16 ist eine derartige, zunächst recht einfach gehaltene Schaltung zur Spannungsbegrenzung dargestellt. Eine Eingangsspannung U_1 wird über einen Widerstand R auf eine Diode gegeben. Die Spannung an der Diode U_D steht als Ausgangsspannung U_2 am Ausgang zur Verfügung. Das Verhalten der Schaltung bei unterschiedlichen Eingangsspannungen wird deutlich, wenn man die Ausgangsspannung U_2 über der Eingangsspannung U_1 aufträgt. Bei negativen Eingangsspannungen bleibt die Diode gesperrt. Bei kleinen positiven Spannungen unterhalb der Schleusenspannung von 0,7V fließt durch die (idealisierte) Diode ebenfalls noch kein Strom. Somit gibt es auch noch keinen Spannungsabfall am Widerstand R, da er nicht von Strom durchflossen wird. Also ist U_1 weiterhin gleich U_2. Erhöht man die Eingangsspannung über die 0,7V Schleusenspannung hinaus, so fließt ein Strom durch die Diode und es stellt sich eine Spannung von $U_D = 0,7V$ an der Diode ein. Die restliche Spannung fällt am Widerstand ab: $U_R = U_1 - U_D$.

Die Spannung U_2 am Ausgang kann also nicht über die 0,7V ansteigen, sie wird auf diesen Wert begrenzt.

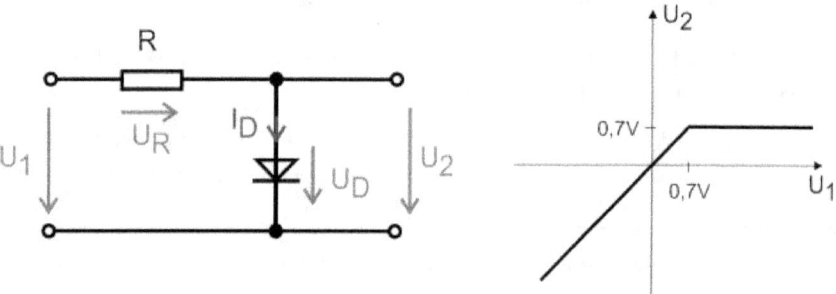

Bild 16: Einfachste Version einer Begrenzerschaltung

Will man eine symmetrische Begrenzung erzielen, um sowohl positive als auch negative Spannungen auf einen Betrag von 0,7V zu begrenzen, so schalten man eine zweite Diode „antiparallel" zur ersten Diode (siehe Bild 17). Bei Anlegen einer sinusförmigen Wechselspannung als U_1 ergibt sich für U_2 eine begrenzte („abgeschnittene") Sinusspannung am Ausgang. Eine derartige Schaltung wurde früher als „Gehörschutz" zur Begrenzung der Lautstärke in den Hörkapseln von Telefonen eingesetzt.

G. Schmitz: Elektronik für Ingenieurstudenten   © Copyright 2015

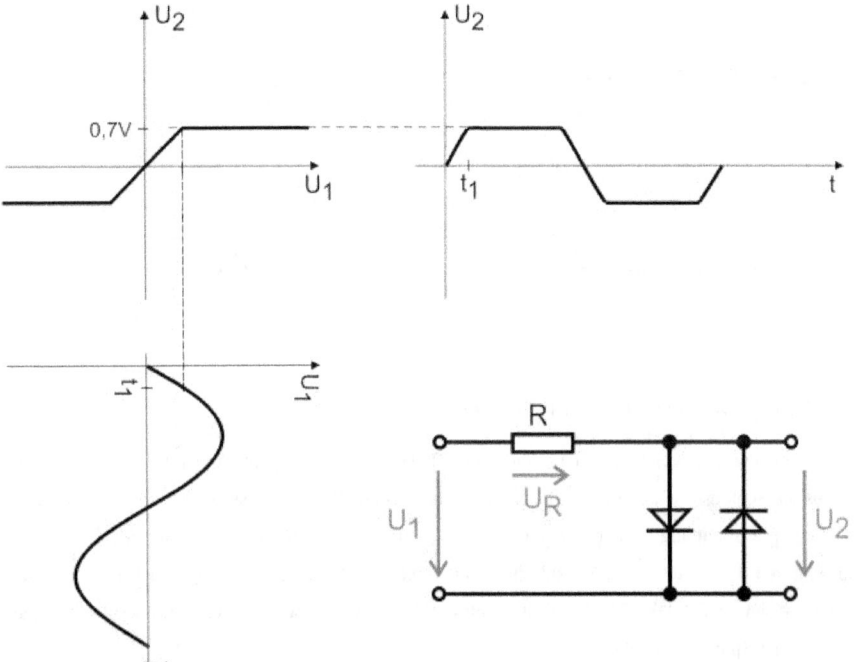

Bild 17: Begrenzerschaltung für Wechselspannungen mit antiparallelen Dioden

Mit den bisher gezeigten Schaltungen kann man allerdings nur auf die Schleusenspannung der Diode begrenzen. Um auf andere Spannungswerte zu begrenzen, gibt es die im Folgenden aufgezeigten Möglichkeiten. Bild 18 zeigt die Verwendung einer Spannungsquelle, um die Begrenzungsspannung zu erhöhen.

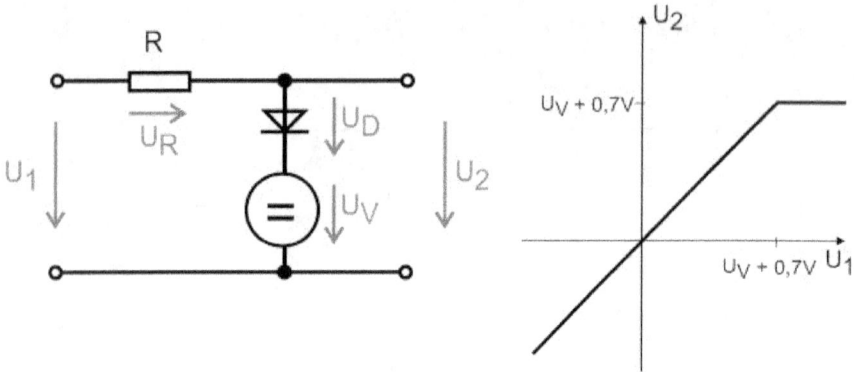

Bild 18: Begrenzerschaltung mit Vorspannung

Ein Strom kann dabei erst dann durch die Diode fließen, wenn die Spannung an der Diode nicht kleiner als die Schleusenspannung von 0,7V ist. Das heißt, dass die Eingangsspannung U_1 mindestens um die Schleusenspannung größer sein muss als die Vorspannung U_V der Spannungsquelle, damit ein Strom durch die Diode fließt. Sobald ein Strom durch die Diode fließt, beträgt die Diodenspannung (der idealisierten Diode) 0,7V. Somit ist dann die Ausgangsspannung um 0,7V größer als die Spannung U_V der Spannungsquelle.

Eine derartige Schaltung wird z.B. benutzt, um die Spannung an Signaleingängen auf einen Wert kurz über der Betriebsspannung zu begrenzen. Dabei benötigt man dann keine separate „Vorspannungsquelle" sondern die Diode wird einfach vom Signaleingang auf die Versorgungsspannung geschaltet. Schaltet man dann noch eine weitere Diode vom Signaleingang „verkehrt herum" gegen Masse (siehe Bild 19), so hat man den Eingang auch vor auftretenden negativen Spannungen geschützt (diese werden dann auf max. -0,7V begrenzt).

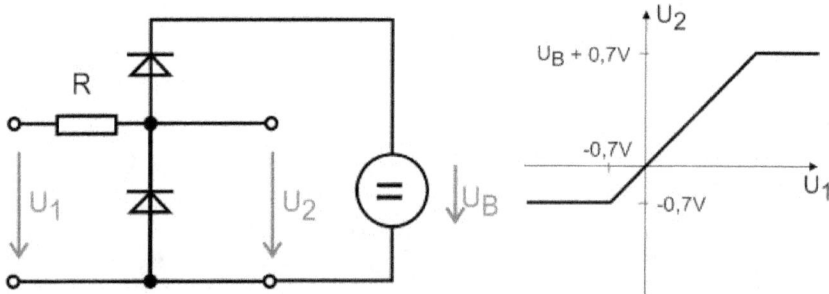

Bild 19: Schutz von Signaleingängen vor Überspannungen und Verpolung (neg. Spannungen)

G. Schmitz: Elektronik für Ingenieurstudenten   © Copyright 2015

1.3.4 Zenerdiode

Nicht immer ist eine Begrenzung einer Spannung auf die Versorgungsspannung +0,7V gewünscht. Für diese Fälle kann man eine spezielle Diode einsetzen, die auch im Bereich negativer Spannungen einen Durchlassbereich hat: die Zenerdiode[1]. Bild 20 zeigt die Kennlinie und das Symbol einer Zenerdiode.

Die Spannung im negativen Bereich, ab der die Diode einen Stromfluss ermöglicht wird auch als Zenerspannung U_Z bezeichnet. Diese Spannung kann durch Führung der Prozessparameter und Mischung des sogenannten Lawineneffektes und des Zenereffektes während der Herstellung festgelegt werden. Kommerziell verfügbare Zenerdioden sind meist in Werten der E12er Reihe erhältlich (also z.B. 4,7V, 5,6V, …. 12V, 15V…).

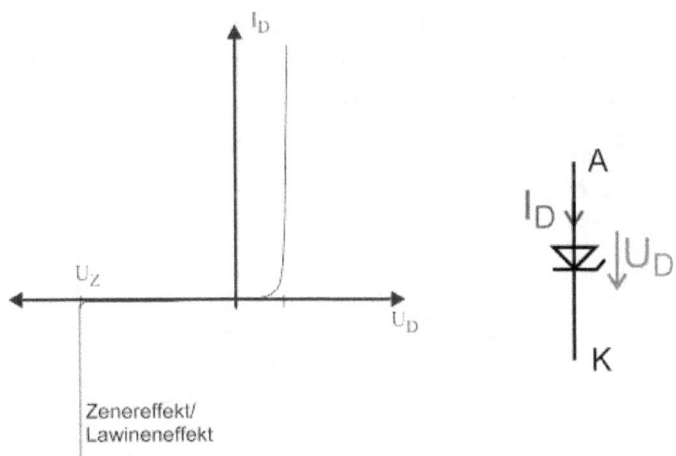

Bild 20: Kennlinie einer Zenerdiode

Zum leichteren Verständnis sein in Bild 21 ein hydraulisches Äquivalent zur Zenerdiode dargestellt: Ein Rückschlagventil kombiniert mit einem Druckbegrenzungsventil.

---

[1] Zenerdiode benannt nach dem amerikanischen Physiker **Clarence Melvin Zener** (auch Zenereffekt)

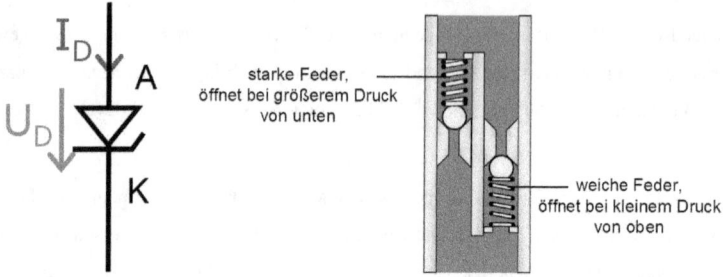

Bild 21: Hydraulisches Äquivalent einer Zenerdiode

Beim Einbau einer Zenerdiode ist zu beachten, dass der gewünschte Zenereffekt im Bereich negativer Spannungen und Ströme auftritt. Will man den Effekt also nutzen, muss man die Zenerdiode quasi verkehrt herum in die Schaltung einbauen, so wie in Bild 22 dargestellt. Bei positiven Eingangsspannung oberhalb der Zenerspannung ergibt sich dann eine Begrenzung der Ausgangsspannung auf U_Z. In Gegenrichtung erfolgt aufgrund des Diodenverhaltens eine Begrenzung auf -0,7V.

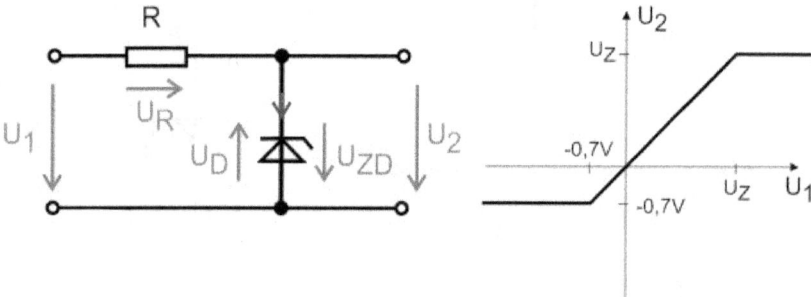

Bild 22: Begrenzerschaltung mit Zenerdiode

Eine derartige Schaltung eignet sich auch zur Spannungsstabilisierung. Wird die Schaltung aus Widerstand und Zenerdiode hinter den Brückengleichrichter eines „Netzteils" geschaltet, so erhält man eine auf den Wert der Zenerspannung stabilisierte Ausgangsspannung (Bild 23).

G. Schmitz: Elektronik für Ingenieurstudenten   © Copyright 2015

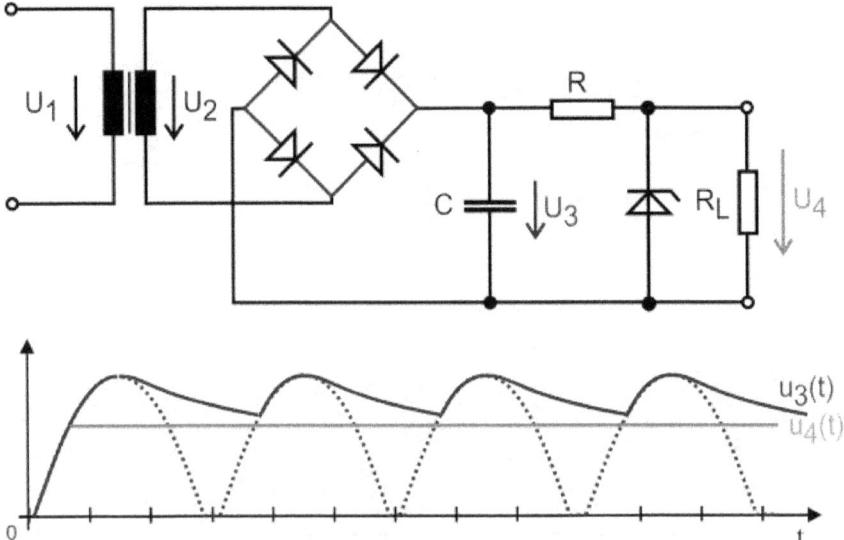

Bild 23: Stabilisierung der Ausgangsspannung eines Netzteils

Der Widerstand R muss dabei so dimensioniert sein, dass die Spannung an der Zenerdiode (=Ausgangsspannung) nicht schon aufgrund der „Spannungsteilerregel" unter die Zenerspannung fällt. Demnach ist der Widerstand R relativ klein zu wählen. Hierdurch fließt aber auch im unbelasteten Fall ($R_L \rightarrow \infty$) schon ein hoher Strom durch den Widerstand R und die Zenerdiode, was zu hohen Verlusten und einer großen Erwärmung führt. Durch die zusätzliche Nutzung von Transistoren kann dieser Effekt jedoch deutlich reduziert werden. (*siehe hierzu auch Kapitel 2.4.2, Bild 57, S. 51*).

Man kann sich das Verhalten eventuell leichter verständlich machen, wenn man sich das gleichartige hydraulische Prinzip einer hydraulischen Druckbegrenzung verdeutlicht (Bild 24).

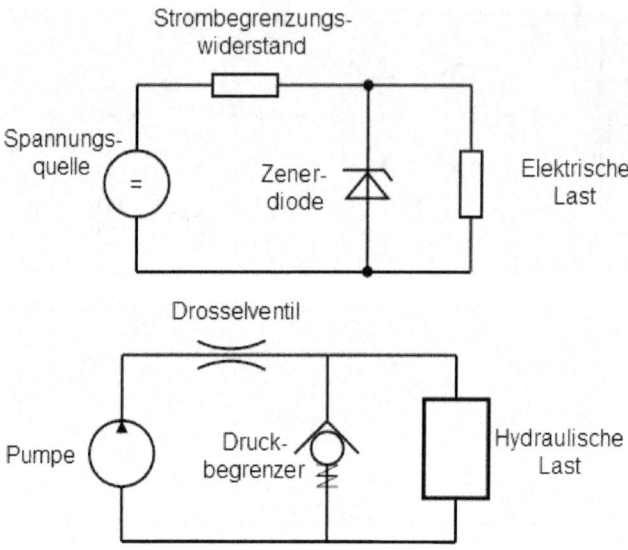

Bild 24: Hydraulischer Kreis mit Druckbegrenzung mit federbelastetem Druckbegrenzungsventil

1.3.5 Logikschaltungen mit Dioden

Dioden lassen sich auch zur Entkopplung von Signalen einsetzen. Einfache logische Verknüpfungen lassen sich ebenfalls realisieren.

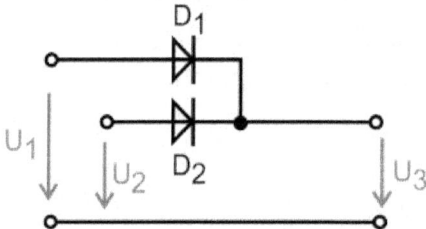

Bild 25: Aufbau einer Oder-Schaltung mit Dioden

In Bild 25 ist eine Diodenschaltung dargestellt, die eine ODER-Funktion realisiert. Wenn U_1 **oder** U_2 (deutlich) größer als Null ist, dann ist auch U_3 größer als Null. Bei dieser Schaltung erfolgt keine Rückwirkung der Spannungen U_1 und U_2 untereinander. Eine derartige Logikschaltung hat beim praktischen Einsatz allerdings ihre Grenzen. Man erkennt ja, dass die Ausgangsspannung schon um die Schleusenspannung (also ca. 0,7V) unter der jeweiligen Eingangsspannung liegt. (Eine verbesserte Schaltung mit Dioden und Transistoren findet sich in Kapitel 2.4.3 Bild 66, Seite 59).

Die Schaltung kann ebenfalls genutzt werden, um die jeweils größere Spannung am Ausgang wirksam werden zu lassen.

Auch eine UND-Schaltung lässt sich aus Dioden aufbauen.

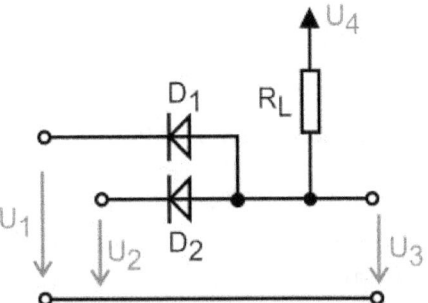

Bild 26: Aufbau einer Und-Schaltung mit Dioden

Wenn an U_1 oder an U_2 Null Volt anliegen (Potential = 0) anliegt, so liegt auch an U_3 „fast keine" Spannung an (U_3 ca. 0,7V). Liegt an U_1 UND an U_2 jeweils eine Spannung U_B an, so liegt auch an U_3 U_B an (also eine ‚1')

1.4 Weitere Diodentypen

1.4.1 Leuchtdioden

Bei Leuchtdioden (LED = Light Emitting Diode) werden durch die eingespeiste Energie Elektronen in einen höheren Energiezustand gebracht. Geben diese nun ihre Energie wieder ab, so emittieren sie dabei Photonen, also Licht. Je nach verwendetem Halbleitermaterial ist die hierzu erforderliche Spannung unterschiedlich hoch und somit auch die Energie der ausgesendeten Photonen. So ist die Herstellung unterschiedlich farbiger LEDs möglich. Die Schleusenspannung und damit die mindestens erforderliche Spannung zum Betrieb der LED ist abhängig von der Farbe der LED (siehe skizzierte Kennlinien in Bild 27).

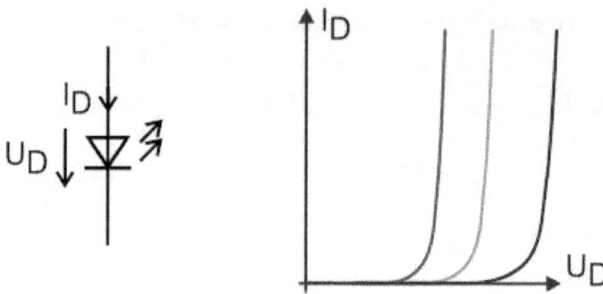

Bild 27: Leuchtdiode mit typischen Kennlinien für verschiedene Farben

Rote LEDs benötigen um die 1,5V, blaue um die 3,5V. Die üblichen Betriebsströme liegen zwischen 2mA für kleine SMD-LEDs und etwa 1A für superhelle LEDs.

Leuchtdioden sollten immer mit Vorwiderstand oder mit einer Konstantstromquelle betrieben werden, da ansonsten wegen der steilen Kennlinie die Diode bei kleinen Spannungschwankungen evtl. nicht mehr leuchtet bzw. zerstört wird. Weiterhin ist zu beachten, dass Leuchtdioden nicht als Gleichrichterdioden konzipiert sind und somit nicht auf hohe Sperrspannungen ausgelegt sind. Manche Leuchtdioden vertragen in Sperrrichtung nur wenige Volt, ohne zerstört zu werden.

1.4.2 **Fotodioden**

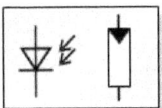 Bei Fotodioden wird der umgekehrte Effekt ausgenutzt: durch Lichteinstrahlung werden Ladungsträger generiert. Legt man eine Spannung in Sperrrichtung an die Fotodiode an, so fließt ein Strom, der umso höher ist, je stärker der Lichteinfall ist. Von den nebenstehenden Symbolen wird das linke vor allem verwendet, wenn die Diode als Sensor eingesetzt wird und das rechte, wenn sie elektrische Energie durch Konvertierung von Licht in Strom liefert.

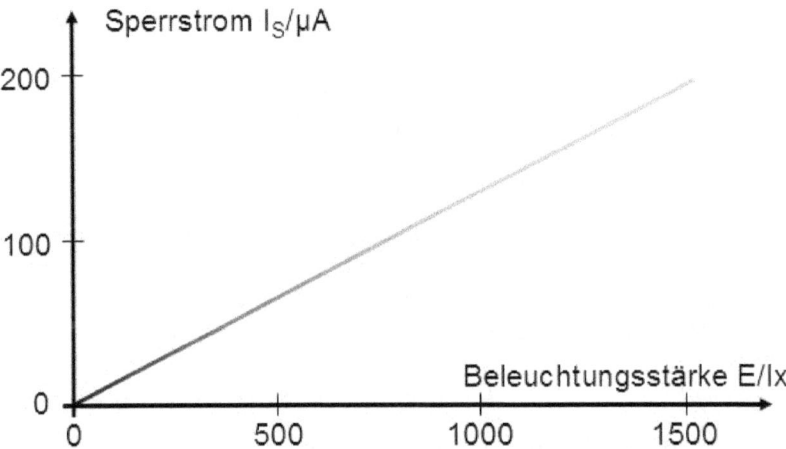

Bild 28: Sperrstrom der Leuchtdiode in Abhängigkeit der Beleuchtungsstärke

Die Empfindlichkeit beträgt z.B. 120nA/lx, das Maximum der Empfindlichkeit liegt für Silizium bei ca. 850nm.

Typische Anwendungen für Fotodioden sind u.a. Lichtschranken, Optokoppler, optische Nachrichten-übertragungen. Auch als Energielieferanten werden Fotodioden in Form von Solarzellen genutzt. Dabei wird versucht, die Fotodiode in einem Kennlinienpunkt zu betreiben, in dem sie die maximale Leistung abgeben kann.

In Bild 29 ist die Kennlinie der Diode in allen 4 Quadranten dargestellt. Im rechten unteren Quadranten (positive Spannung, negativer Strom) gibt die Diode elektrische Leistung nach außen ab. Der Leistungsverlauf ist in der Kurve darüber dargestellt.

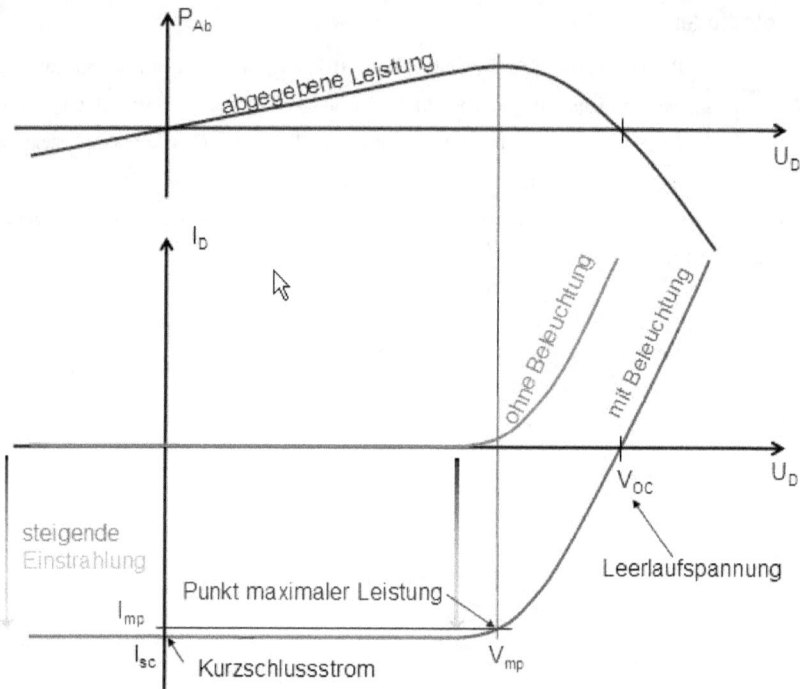

Bild 29: Kennlinie einer Solarzelle in allen 4 Quadranten, oben: abgegebene Leistung

Moderne Wechselrichter für Solaranlagen steuern diesen Punkt (V_{mp}, I_{mp}) gezielt an, um die maximal mögliche Leistung herauszuholen (Maximum Power Tracking).

1.4.3 Kapazitätsdioden

Kapazitätsdioden sind Dioden, die in Sperrrichtung betrieben werden und deren Kapazität durch die Höhe der angelegten Spannung in Sperrrichtung geändert werden kann. Solche Dioden werden in Rundfunkempfängern eingesetzt, um eine spannungsgesteuerte Frequenzänderung von Schwingkreisen vorzunehmen. Der Effekt basiert darauf, dass die ladungsträgerfreie Sperrzone umso größer ist, je größer die angelegte Spannung ist.

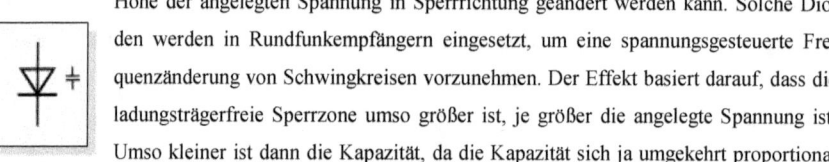

Umso kleiner ist dann die Kapazität, da die Kapazität sich ja umgekehrt proportional zum Elektrodenabstand (hier Ladungsträgerabstand) verhält. Das Symbol einer normalen Diode wird um einen angedeuteten Kondensator ergänzt.

G. Schmitz: Elektronik für Ingenieurstudenten   © Copyright 2015

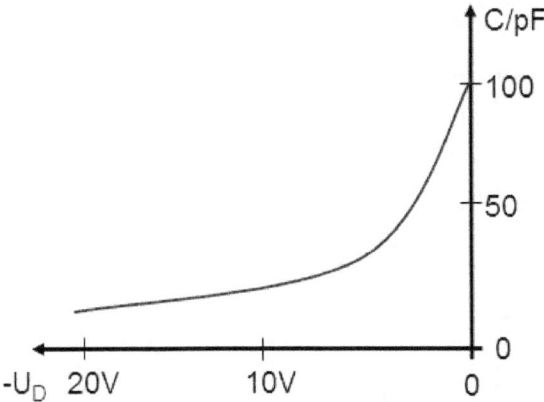

Bild 30: Kapazität einer Kapazitätsdiode in Abhängigkeit der angelegten Sperrspannung

1.4.4 Schottkydioden

Sind besonders hohe Schaltgeschwindigkeiten erforderlich, setzt man Schottkydioden ein. Diese Dioden sind nicht aus einem pn-Übergang sondern aus einem Metall-Halbleiterübergang aufgebaut. Hierdurch entsteht allerdings der Nachteil hoher Leckströme in Sperrrichtung. Schottkydioden werden auch dort eingesetzt, wo es auf einen kleinen Spannungsabfall in Durchlassrichtung ankommt (ca. 0,4V).

1.4.5 Tunneldioden

Tunneldioden sind Dioden mit Kennlinien, die in Teilbereichen eine negative Steigung aufweisen. Werden solche Dioden in einen Schwingkreis gebracht und der Arbeitspunkt so eingestellt, dass er in einem Teilbereich der Kennlinie mit negativer Steigung liegt (siehe Bild 31), so wirkt die Diode bei kleinen überlagerten Wechselspannungen wie ein negativer Widerstand. Schwingkreise können so entdämpft werden und zum eigenständigen Schwingen gebracht werden (Oszillator).

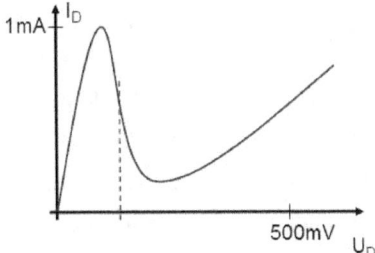

Bild 31: Kennlinie einer Tunneldiode

2 Transistoren

2.1 Das Bauelement Transistor

Ein Transistor ist ein Halbleiterkristall, der aus drei unterschiedlich dotierten Schichten besteht. Die Schichtfolge der Transistoren kann unterschiedlich sein, man unterscheidet zwischen einer n-p-n und einer p-n-p Schichtung. Das mittlere Gebiet wird in beiden Schichtungsarten sehr dünn gehalten und ist nur schwach dotiert.

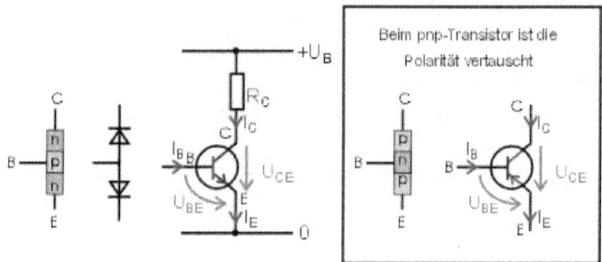

Bild 32: Dotierungszonen eines npn-Transistors und eines pnp-Transistors

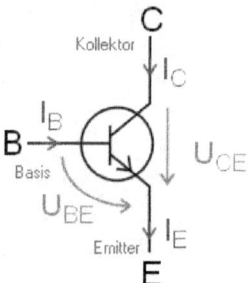

Bild 33: Bezeichnung der Transistoranschlüsse und Definition der Spannungen und Ströme

Die einzelnen Gebiete bzw. Anschlüsse bezeichnet man mit Emitter E, Kollektor C und Basis B. Für die elektrischen Vorgänge in Transistoren sind wie bei Dioden die Grenzschichten bzw. die Übergänge zwischen den verschiedenartig dotierten Schichten verantwortlich. Die relevanten Spannungen am Transistor sind die Spannung zwischen Basis und Emitter U_{BE} und die zwischen Kollektor und Emitter U_{CE}, die beide für eine sinnvolle Funktion des npn-Transistors positiv sein müssen.

Für die Ströme im Transistor gilt: $I_B + I_C - I_E = 0$ (ergibt sich aus der Knotenregel, Emitterstrom wird dabei negativ angesetzt, da er aus dem Knoten/Transistor herausfließt). Oder einfache ausgedrückt: Der Emitterstrom stellt die Summe aus Basis- und Kollektorstrom dar:

$$I_E = I_B + I_C$$

G. Schmitz: Elektronik für Ingenieurstudenten © Copyright 2015

Der Kollektorstrom I_C ist um ein vielfaches größer als der Basisstrom I_B. Die Funktion des Transistors kann man sich an einem Klappensystem in einem Bachbett vorstellen (Bild 34). Ein kleiner Steuerfluss an der Basis steuert über eine kleine Klappe eine große Klappe, die dann von Kollektor zu Emitter einen großen Fluss freigeben kann.

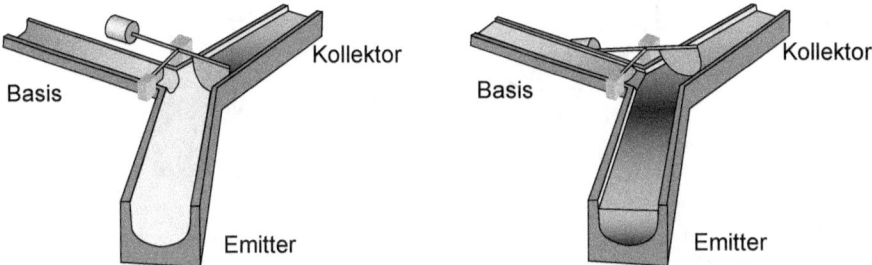

Bild 34: Analogie zum Wasser: „Transistor und gesteuertes Bachbett"

links: kein (Strom-)fluss von Basis zu Emitter ⇒ kein (Strom-)fluss von Kollektor zu Emitter

rechts: (Strom-)fluss von Basis zu Emitter ⇒ (Strom-)fluss von Kollektor zu Emitter

2.2 Kennlinien des Transistors

2.2.1 Eingangskennlinie

Als Eingangsseite des Transistors werden die Anschlüsse Basis und Emitter betrachtet. Aus der Betrachtung als „normaler" pn-Übergang kann erwartet werden, dass bei Aufnahme einer Kennlinie des Basisstroms I_B über der Basis-Emitterspannung U_{BE} eine Kennlinie wie bei einer Diode einstellt. Dies ist auch tatsächlich der Fall (siehe Bild 35).

Anmerkung: Tatsächlich handelt es sich genau betrachtet wieder um eine e-Funktion

$$I_B = I_S \cdot (e^{U_{BE}/U_T} - 1) \qquad \text{mit} \qquad U_T = \frac{kT}{e}, \quad k = 1{,}38 \cdot 10^{-23} \frac{J}{K}$$

Dabei ist I_S der Sperrstrom, k die Boltzmannkonstante und U_T die Temperaturspannung, die bei Raumtemperatur etwa 25mV beträgt.

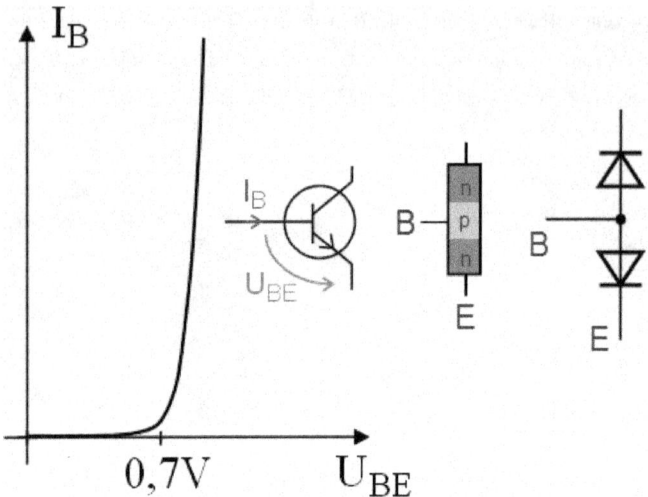

Bild 35: Eingangskennlinie eines Transistors: Basisstrom über Basis-Emitterspannung

Auch hier beim Transistor können wir uns als Näherung merken, dass, sobald Strom fließt, sich eine Basis-Emitterspannung von etwa 0,7 Volt einstellt. Bei kleinen Basisströmen beträgt der Wert zwar eher 0,6V, aber in den meisten Anwendungen gerade in der Mechatronik wird der Transistor mit höheren Strömen betrieben, so dass die Annahme von 0,7V gerechtfertigt ist.

2.2.2 Ausgangskennlinienfeld

Eine weitere wichtige Beziehung ist der Zusammenhang zwischen Kollektor- Emitterspannung (U_{CE}) und dem Kollektorstrom (I_C).

Allerdings ist hierbei nicht alleine eine Kennlinie ausreichend, um das Verhalten des Transistors darzustellen; vielmehr hängt der Kollektorstrom auch davon ab, welcher Basisstrom im Transistor fließt. Fließt z.B. kein Basisstrom, so ist auch der Kollektorstrom Null. Je höher der Basisstrom ist, umso mehr Kollektorstrom kann im Transistor fließen. Dieser Zusammenhang wird in Form eines Ausgangskennlinienfeldes des Transistors dargestellt (Bild 36, Kennlinienfeld wird auch als „Kennlinienschar" bezeichnet).

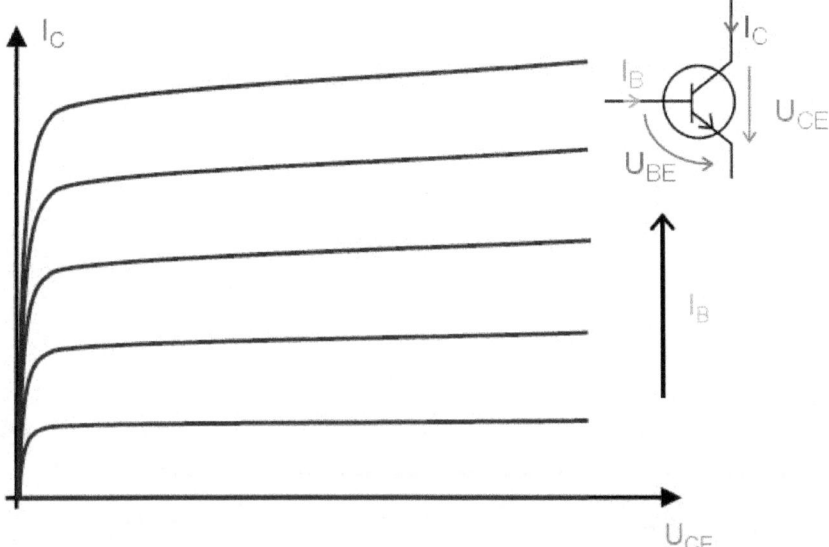

Bild 36: Ausgangskennlinienfeld eines Transistors: Kollektor über Kollektor-Emitterspannung

Bei der schematischen Darstellung lässt sich leider das Verhältnis zwischen dem Kollektorstrom und dem Basisstrom nicht erkennen. Der Transistor bietet die Möglichkeit, mit nur geringen Steuerströmen größere Ströme zu beeinflussen. Der Stromverstärkungsfaktor, das ist das Verhältnis von Kollektor zu Basisstrom, liegt je nach Transistortyp bei ca. 10 bis 300.

2.2.3 Stromverstärkungskennlinie

Die Stromverstärkung wird augenscheinlich bei Auftragung des Kollektorstromes I_C über dem Basisstrom I_B. Der Kollektorstrom ist dabei wesentlich größer als der Basisstrom, die Skalierung der Achsen berücksichtigt dies. Eine solche Kennlinie ist abhängig von der jeweils gewählten Kollektor-Emitterspannung, ändert sich in weiten Bereichen jedoch nicht wesentlich. Die Kennlinie ist meist leicht gekrümmt, kann aber in erster Näherung als linear angesehen werde. Aus der Steilheit der Kennlinie kann die Stromverstärkung abgelesen werden. Je steiler sie ist, desto größer ist die Stromverstärkung (siehe Bild 37).

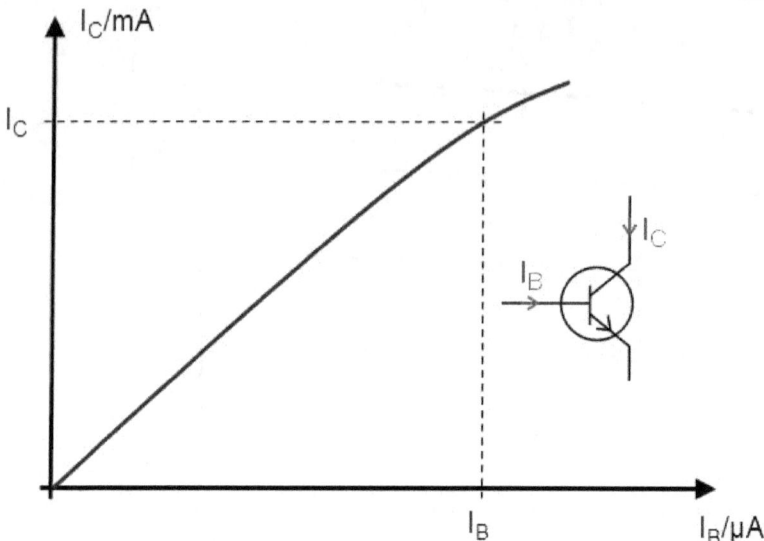

Bild 37: Stromverstärkung eines Transistors: Kollektorstrom über Basisstrom

Das Verhältnis vom jeweiligen Kollektorstrom zum Basisstrom wird durch den Buchstaben B ausgedrückt. Die differenzielle Steigung wird als Kleinsignalverstärkung ß bezeichnet (siehe Bild 38).

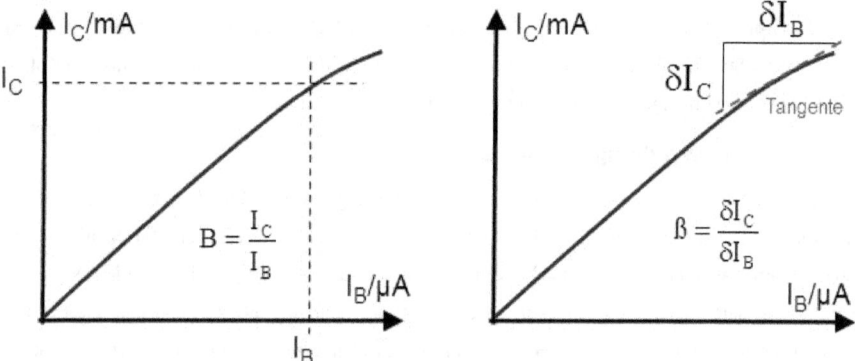

Bild 38: Unterschied zwischen Gleichstrom- bzw. Großsignal- Stromverstärkung B (links) und der differenziellen bzw. Kleinsignalstromverstärkung ß (rechts).

Aufgrund des relativ hohen Wertes für B bzw. ß wird häufig als Näherung der Emitterstrom gleich dem Kollektorstrom gesetzt. Bei einer Stromverstärkung von 100 ergäbe sich dabei nur ein Fehler von 1%. Allerdings muss man beachten, dass diese Näherung nicht in Differenzen auftaucht, da sonst der Fehler schnell sehr groß werden kann.

Als Gleichung:

$$I_E = I_C + I_B \ , \quad I_B = \frac{I_C}{B} \ \Rightarrow I_E = I_C + \frac{I_C}{B} = I_C \cdot (1 + \frac{1}{B}) \quad \text{mit} \quad B \gg 1 \ \text{gilt etwa:}$$

$$I_E \approx I_C$$

2.2.4 Mehrquadrantendarstellung

Die Mehrquadrantendarstellung dient zur gleichzeitigen Darstellung der wichtigsten Zusammenhänge an einem Transistor. Die in Bild 39 gezeigte Darstellung ist wie folgt aufgebaut:

- Im rechten oberen Quadranten (1) ist das Ausgangskennlinienfeld
- im linken oberen Quadranten (2) die Stromverstärkungskennlinie
- und im linken unteren Quadranten (3) die Eingangskennlinie wiedergegeben.

Anmerkung: Es gibt auch Darstellungen, in denen im 1. Quadranten das Ausgangskennlinienfeld mit der Basis-Emitterspannung (U_{BE}) als Parameter anstelle von I_B angegeben ist. Dann ist im 2. Quadranten der Zusammenhang zwischen Kollektorstrom und Emitterspannung und im 3. Quadranten der zwischen Basisstrom und Basis-Emitterspannung dargestellt. Hier soll nicht näher darauf eingegangen werden.

Durch Ermittelung einer Größe, der Basis-Emitterspannung, können die anderen Größen bestimmt werden. Hierzu wird zunächst die Basis-Emitterspannung im linken unteren Quadranten angetragen und daraus wird der Basisstrom ermittelt. Aus dem Basisstrom lässt sich dann im linken oberen Quadranten der Kollektorstrom ermitteln und hieraus dann letztendlich im rechten oberen Quadranten die Kollektor-Emitterspannung. Hierzu ist allerdings die Kenntnis der äußeren Beschaltung des Transistors im Kollektorkreis erforderlich.

Streng genommen gilt die Kennlinie im linken oberen Quadranten nur für eine bestimmte Linie im rechten oberen Quadranten, z.B. für eine konstante Kollektor-Emitterspannung oder für die im nächsten Unterkapitel angesprochene Widerstandsgerade.

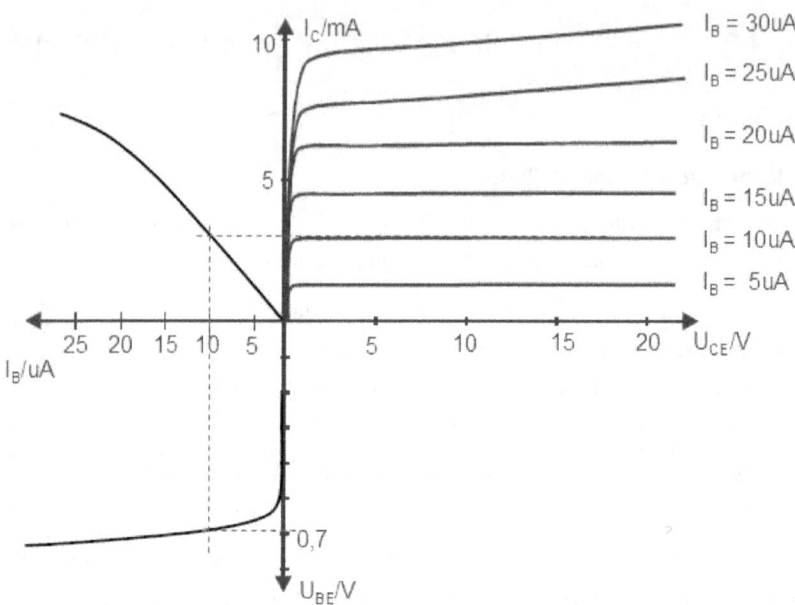

Bild 39: Dreiquadrantendarstellung eines Transistorkennlinienfeldes

Der 4. Quadrant (rechts unten) wird aufgrund seiner untergeordneten Bedeutung meist nicht dargestellt.

G. Schmitz: Elektronik für Ingenieurstudenten   © Copyright 2015

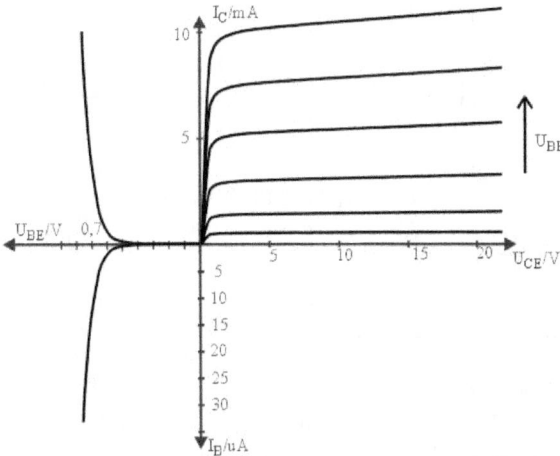

Bild 40: Alternative Dreiquadrantendarstellung eines Transistorkennlinienfeldes

Eine alternative Ausführung der 3-Quadrantendarstellung erhält man bei Auftragung der Kennlinie Kollektorstrom I_C über der Basis-Emitterspannung U_{BE} im 2. Quadranten. Im dritten Quadranten wird dann die Eingangskennlinie I_B über U_{BE} dargestellt.

2.3 Der Transistor im Stromkreis

Bei der Untersuchung des Transistors im Stromkreis unterscheidet man 3 Grundschaltungen:

- die Emitter(grund)schaltung
- die Kollektor(grund)schaltung (auch Emitterfolger genannt)
- und die Basis(grund)schaltung

2.3.1 Emitterschaltung

Eine Schaltung heißt Emitterschaltung, wenn Eingangs- und Ausgangskreis (im Wesentlichen) den Emitter als gemeinsamen Anschluss haben. Der Transistor wird zwischen Basis und Emitter mit einer Eingangsspannung beaufschlagt und die Ausgangsspannung wird zwischen Kollektor und Emitter abgegriffen.

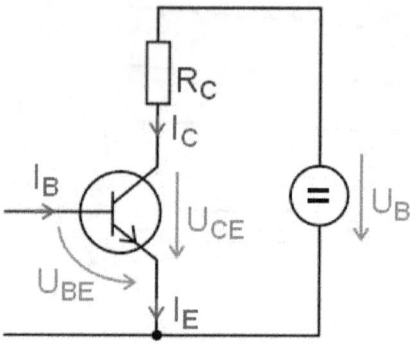

Bild 41: Emitterschaltung in der Grundversion

Arbeitspunkt im Ausgangskennlinienfeld

Für eine genauere Analyse des Ausgangstromkreises (Kollektorstromkreis) ist es wie bei der Diode erforderlich, eine grafische Lösung zu erarbeiten.

Hierzu analysieren wir die Schaltung nach Bild 41. Der Transistor werde von der Eingangsseite her mit einer Emitterspannung U_{BE} beaufschlagt, der einen Basisstrom I_B zur Folge hat. Aufgrund dieses Basisstromes wird die Kollektor-Emitterstrecke einen Strom leiten können (siehe auch „Bachbettmodellmodell"). Somit wird sich eine bestimmte Ausgangskennlinie im Ausgangskennlinienfeld einstellen. Nun müssen wir die analytisch zu ermittelnde Widerstandsgerade in das Diagramm eintragen, um für den Ausgangskreis eine grafische Lösung zu finden.

Die Widerstandgerade lässt sich hierbei genauso finden wie bei den Diodenkennlinien. Man stellt im Ausgangskreis eine Maschengleichung auf und löst diese nach I_C auf:

$$U_B = U_{CE} + R_C \cdot I_C \iff I_C = \frac{U_B - U_{CE}}{R_C}$$

Die Widerstandsgerade hat demgemäß eine negative Steigung und ihre Achsenschnittpunkte bei:

$$U_{CE} = U_B \quad \text{und} \quad I_C = \frac{U_B}{R_C}$$

In Bild 42 ist als Beispiel eine Widerstandsgerade für die Werte $U_B = 20V$ und $R_C = 2k\Omega$ und somit einem Schnittpunkt mit der Abszisse bei $I_C = 10mA$ eingezeichnet. Weiterhin wird in diesem Bild davon ausgegangen, dass ein Basisstrom von 15µA eingestellt wird. Dann ergibt sich der im Bild eingezeichnete Arbeitspunkt bei ca. 11V Kollektorspannung U_{CE} und etwa 4,5mA Kollektorstrom I_C. Wie durch die Doppelpfeile angedeutet, lässt sich der Arbeitspunkt durch Änderung des Basisstromes verschieben, allerdings nur entlang der Widerstandsgeraden.

 G. Schmitz: Elektronik für Ingenieurstudenten © Copyright 2015

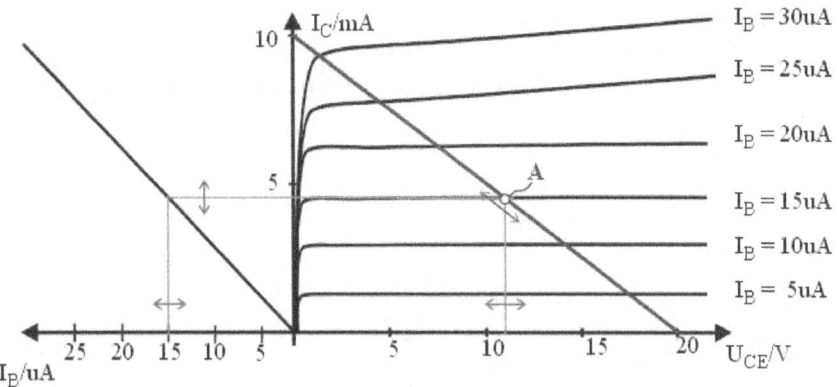

Bild 42: Widerstandsgerade und Arbeitspunkt im Ausgangskennlinienfeld

Der Arbeitspunkt muss je nach Anforderung an die Schaltung gewählt werden. So sollte z.B. bei der Anforderung nach maximaler Aussteuerbarkeit in beide Richtungen der Arbeitspunkt etwa in die Mitte der Widerstandgeraden gelegt werden.

Um einen Arbeitspunkt einstellen zu können, muss für einen entsprechenden Basisstrom gesorgt werden. Dies kann über einen Basisspannungsteiler oder aber auch durch eine Stromzuführung über nur einen Basiswiderstand aus der Versorgungsspannung erfolgen.

Arbeitspunkteinstellung mit Basisspannungsteiler
In Bild 43 ist die Einstellmöglichkeit über einen Basisspannungsteiler dargestellt.

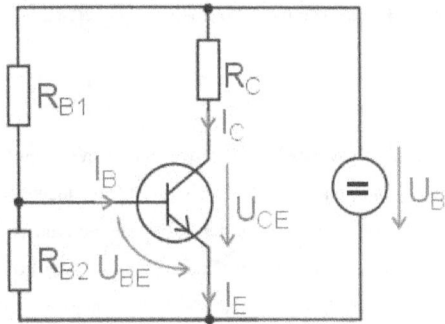

Bild 43: Arbeitspunkteinstellung mittels Basisspannungsteiler

Dabei sollten die Widerstände R_{B1} und R_{B2} relativ niederohmig gewählt werden, um die Basisspannung einigermaßen unbeeinflusst vom fließenden Basisstrom vorgeben zu können.

Arbeitspunkteinstellung über Basisstrom

Eine Alternative stellt die Festlegung des Arbeitspunktes über einen Basisstrom aus der Versorgungsspannungsquelle dar, der über einen hochohmigen Basisvorwiderstand R_B zur Verfügung gestellt wird.

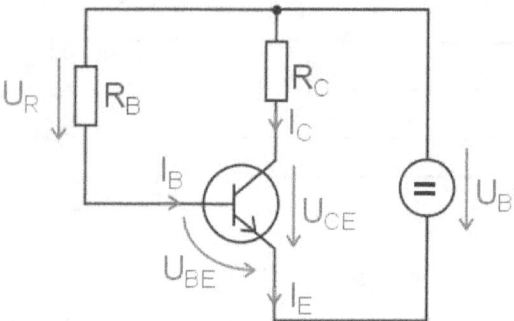

Bild 44: Arbeitspunkteinstellung mittels Basisspannungsteiler

Zur Berechnung des benötigten Widerstandswertes wird zunächst die Spannung an R_B berechnet aus der Versorgungsspannung U_B abzüglich der Basis-Emitterspannung U_{BE}, die näherungsweise mit 0,7V angenommen werden kann. Dann wird der Widerstandwert mittels des Ohmschen Gesetzes aus dem gewünschten Basisstrom ermittelt:

$$R_B = \frac{U_B - U_{BE}}{I_B} \approx \frac{U_B - 0,7V}{I_B}$$

Es ergeben sich aufgrund der erforderlichen kleinen Basisströme meist im Mikroamperebereich hohe Widerstandwerte so um 1MΩ.

Ansteuerung mit Wechselspannung

Möchte man eine derartige Schaltung als Wechselspannungsverstärker einsetzen, so besteht das Problem, dass bei direkter Ankopplung einer Wechselspannungsquelle an die Eingangsseite die eingestellte Basis-Emittervorspannung wieder zunichte macht. Damit würde auch der Basisstrom zu Null und die Arbeitspunkteinstellung verloren gehen. Aus diesem Grund muss eine Entkopplung der Wechselspannung von der eingestellten Basis-Emitterspannung erfolgen. Dies lässt sich mit einem Bauteil erreichen, das einen hohen Widerstand bei Gleichstrom hat und einen kleinen Widerstand bei Wechselstrom: einem Kondensator. Der Blindwiderstand eines Kondensators berechnet sich zu:

$$X_C = \frac{1}{\omega C} = \frac{1}{2\pi f C}$$ und wird demnach bei der Frequenz Null, also bei Gleichstrom, unendlich groß.

G. Schmitz: Elektronik für Ingenieurstudenten   © Copyright 2015

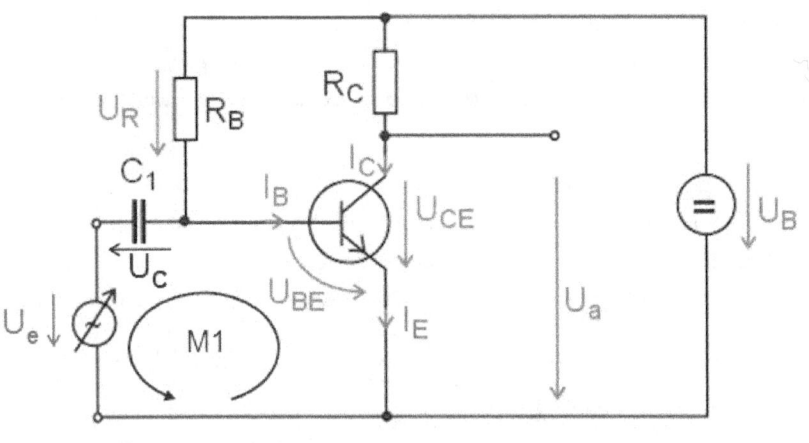

$$M1: \quad U_{BE} = U_e + U_C$$

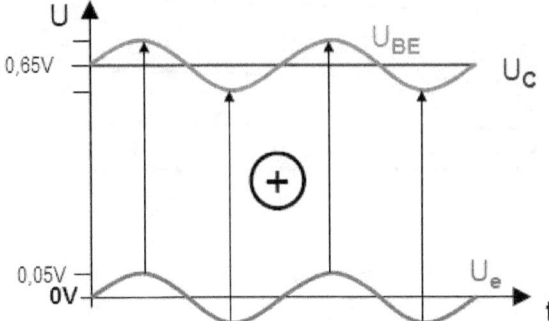

Bild 45: Arbeitspunkteinstellung bei Wechselspannungsverstärkern

In Bild 45 ist die ergänzte Schaltung dargestellt, bei der eine Eingangswechselspannungsquelle U_e über den Kondensator C_1 an die Eingangsseite unseres Transistorverstärkers angeschlossen ist. Nach dem Einschalten der Schaltung lädt sich der Kondensator solange auf, bis er eine Spannung U_C aufweist, die dem vorgesehenen Arbeitspunkt entspricht. (Solange der Kondensator eine kleinere Spannung aufweist, fließt über R_B ein größerer Strom als über die Basis des Transistors abfließt, der Kondensator wird geladen.) Im Betrieb addiert sich dann diese Spannung zu der Eingangswechselspannung dazu und ergibt dann eine Basisspannung U_{BE}, die eine Aussteuerung um den Arbeitspunkt herum bewirkt (siehe auch Bild 46). Zur besseren Darstellung wird eine „Zeitachse" in das Diagramm eingefügt (dunkelgrüne senkrechte Linie im linken unteren Quadranten).

Im abgebildeten Beispiel oszilliert diese Spannung zwischen $U_{BE} = 0{,}6V$ und $0{,}7V$ mit einem Mittelwert von $0{,}65V$. (Die Eingangskennlinie im 2. Quadranten ist stark gedehnt dargestellt, damit man die Konstruktion besser erkennen kann).

An dem Verlauf der Basis-Emitterspannung ist die Bezeichnung U_{ess} angebracht. Diese Art der Bezeichnung wird bei Wechselspannung für den doppelten Amplitudenwert verwendet und bedeutet Spannung von Spitze zu Spitze. Im dargestellten Beispiel wurde diese Spannung zu 0,1V gewählt.

Jeder einzelne Punkt des zeitlichen Verlaufs der Basis-Emitterspannung kann nun in seiner Auswirkung auf die Ausgangsseite verfolgt werden, indem aus der jeweiligen Spannung der zugehörige Kollektorstrom konstruiert wird, der dann wiederum über die Widerstandsgerade zu einem Wert für die Kollektor-Emitterspannung U_{CE} führt. Diese kann dann auf einer zur ersten Zeitachse parallelen zweiten Zeitachse (dunkelgrüne Linie im 4. Quadranten) bei der entsprechenden Zeit abgetragen werden.

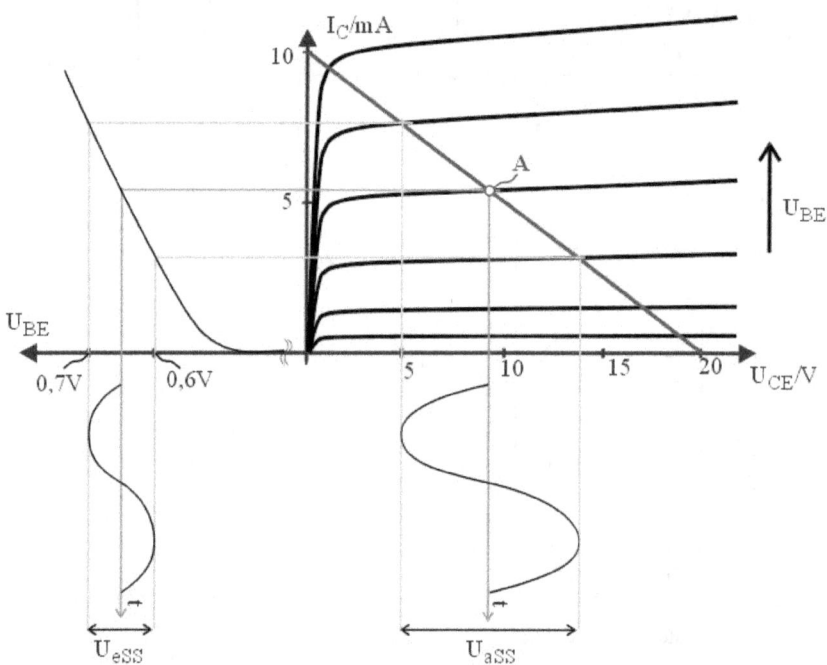

Bild 46: Wechselspannungsverstärkung im Kennlinienfeld

Die sich ergebende Kollektor-Emitterspannung U_{CE} bewegt sich im Beispiel zwischen 5V und etwa 13,5V. Der zeitliche Spannungsverlauf besteht aus der Überlagerung einer Gleichspannung von im Beispiel ca. 9V und einer Wechselspannung mit einem Spitze-Spitze-Wert U_{ass} von etwa 8,5V. Die beiden Hälften der Sinusschwingung sind tatsächlich nicht mehr genau gleich, da die Eingangskennlinie gekrümmt ist und sich dadurch ein nichtlinearer Zusammenhang einstellt. Im praktischen Einsatz ließe sich ein derartiger Verstärker also nicht unbedingt für HIFI- Anwendungen einsetzen. *In Kapitel 2.4.5 wird noch darauf eingegangen, wie man die nichtlinearen Verzerrungen deutlich reduzieren kann.*

Wir erkennen aber, dass der Ausgangsspannungshub U_{aSS} deutlich größer ist als der Eingangsspannungshub U_{eSS}.

Das Verhältnis dieser beiden Werte kann zur Berechnung der Wechselspannungsverstärkung verwendet werden:

$$A = V_U = -\frac{U_{aSS}}{U_{eSS}}$$

Das Minuszeichen drückt dabei aus, dass eine Umkehr des Signals erfolgt: Bei größer werdender Eingangsspannung sinkt die Ausgangsspannung und umgekehrt.

In dem dargestellten Beispiel würde sich der Betrag der Wechselspannungsverstärkung zu etwa 85 ergeben.

Auskopplung der Wechselspannung am Ausgang

Oft möchte man eine reine Wechselspannung am Ausgang erhalten ohne die überlagerte Gleichspannung. Auch würden bei direktem Anschluss eines Lastwiderstandes am Ausgang sich die Gleichspannungsverhältnisse in der Schaltung ändern und der Arbeitspunkt würde sich verschieben.

Auch am Ausgang kann man den „Trick" vom Eingang anwenden, indem man den Lastwiderstand (R_L in Bild 47) über einen Auskoppelkondensator C_a anschließt.

Beim Einschalten der Schaltung lädt sich dieser Kondensator auf die Kollektor-Emitterspannung U_{CE} des Arbeitspunktes auf. Diese Kondensatorspannung subtrahiert sich dann im Betrieb quasi von der jeweils aktuellen Kollektor-Emitterspannung, der Gleichspannungs- Offset auf der Ausgangsspannung U_a verschwindet.

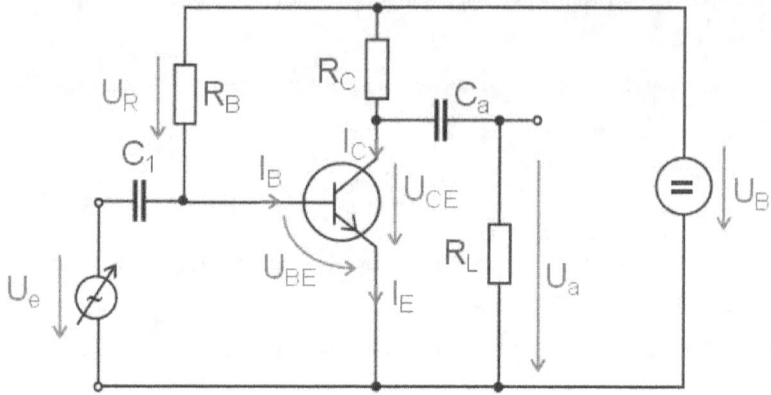

Bild 47: Wechselspannungsauskopplung bei Wechselspannungsverstärkern

Allerdings wird die Arbeitsgerade durch den zusätzlichen Widerstand für die Wechselspannungsaus-steuerung geändert. Hatte die Arbeitsgerade (Gleichung siehe Seite 38) bisher eine Steigung von - $1/R_C$ steigt diese Steigung nun durch die „wechselstrommäßige Parallelschaltung" von R_L auf einen Wert $1/R_P$, wobei R_P der Parallelschaltung von R_L und R_C entspricht. Diese Situation ist in Bild 48 zu sehen. Die neue Arbeitsgerade (im Bild dunkelrot gestrichelt) geht nach wie vor durch den Arbeits-punkt. Durch die größere Steilheit der Kennlinie ist jedoch der Ausgangsspannungshub U_{aSS} kleiner als ohne Lastwiderstand.

G. Schmitz: Elektronik für Ingenieurstudenten   © Copyright 2015

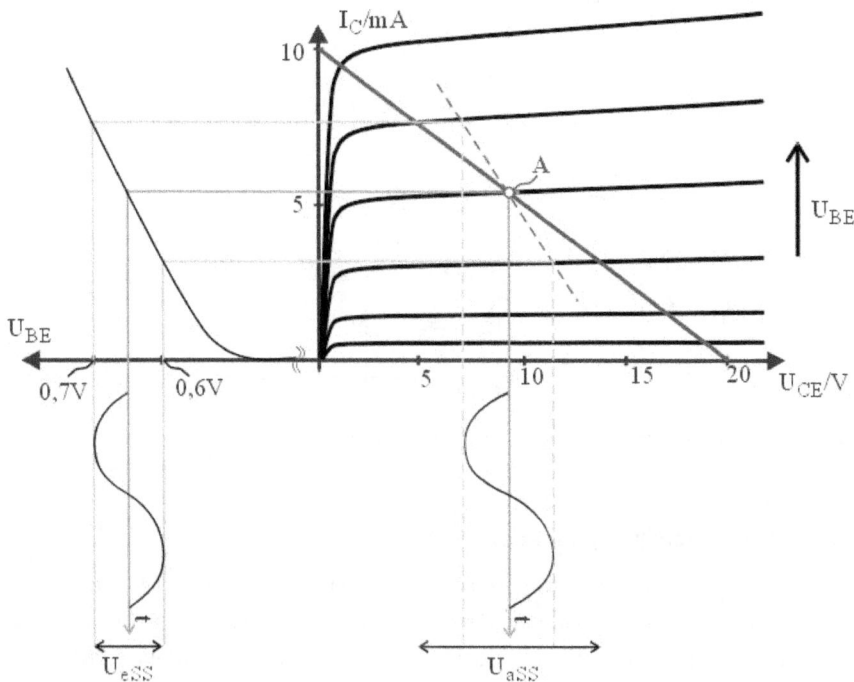

Bild 48: Änderung der Arbeitsgeraden durch kapazitiv angekoppelten Lastwiderstand

Arbeitspunktstabilisierung bei Basisspannungsteiler

Bei der Verwendung eines Basisspannungsteilers ergibt sich eine zusätzliche Problematik. Aus Kapitel 1.1 (Dioden) kennen wir die Temperaturabhängigkeit einer Diodenkennlinie. Eine gleichartige Temperaturabhängigkeit weist auch die Eingangskennlinie des Transistors auf. Diese Temperaturabhängigkeit würde bei Nutzung eines Basisspannungsteilers den Arbeitspunkt stark verschieben.

Abhilfe dagegen schafft die Einführung eines Gegenkopplungswiderstandes (R_E in Bild 49), der dafür sorgt, dass bei einer Erhöhung des Basisstromes durch eine Verschiebung der Kennlinie sich die Spannung am Emitter erhöht, was der Verschiebung der Kennlinie entgegenwirkt. Um die Verstärkung jedoch nicht auch für das gewünschte Wechselspannungssignal zu reduzieren, wird ein zusätzlicher Kondensator C_E eingeführt, der den Widerstand R_E für die Wechselspannungen quasi „kurzschließt" und damit unwirksam macht.

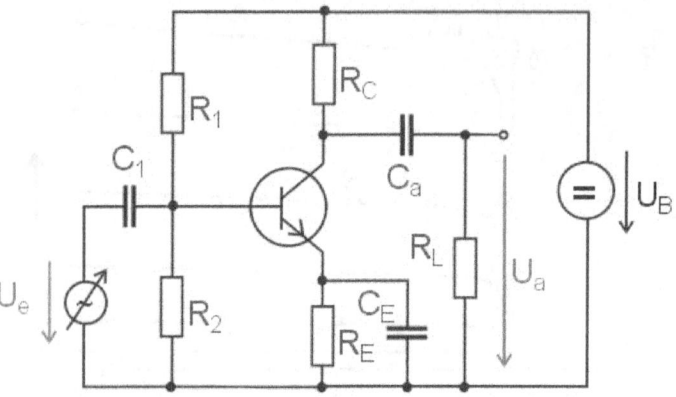

Bild 49: Arbeitspunktstabilisierung bei Basisspannungsteiler

2.3.2 **Kollektorschaltung (Emitterfolger)**

Analog zur Emitterschaltung heißt eine Schaltung dann Kollektorschaltung, wenn Eingangs- und Ausgangskreis (im Wesentlichen) den Kollektor als gemeinsamen Anschluss haben. Dies ist bei der folgenden Schaltung evtl. nicht so gut zu erkennen, wird aber im weiteren Verlauf der Erklärungen hoffentlich etwas klarer.

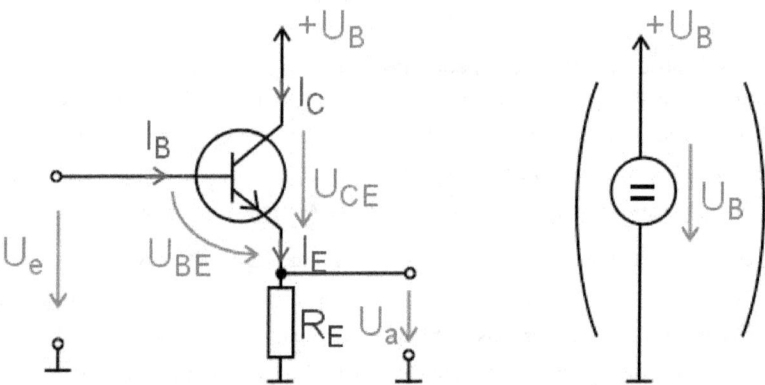

Bild 50: Arbeitspunktstabilisierung bei Basisspannungsteiler

Wenn wir uns die Schaltung gemäß Bild 50 ansehen, so scheint es doch eher so zu sein, dass die Ausgangsspannung vom Emitter des Transistors gegen einen Punkt gemessen wird, der mit dem Kollektor nichts zu tun hat. Tatsächlich hat aber der Massepunkt immer den selben „Abstand" zu der Spannung $+U_B$, die am Kollektor anliegt, genauer gesagt immer die gleiche Spannungsdifferenz zu U_B. Somit verändert sich der Kollektor in Bezug auf die Masseleitung nicht.

Anmerkung: Die Schaltung in Bild 50 ist so gezeichnet, wie in der Elektronik üblich: Ein Pol der Spannungsquelle (meistens der negative) ist mit einem Punkt namens „Masse" oder englisch „Ground" verbunden. Alle Spannungen, die in der Schaltung gegen Masse gemessen werden können, werden mit einem absoluten Wert angegeben. Man spricht dann z.B. davon, dass an einem Punkt eine bestimmte Spannung „anliegt". Wir wissen natürlich, dass eine Spannung immer nur zwischen zwei Punkten gemessen werden kann. Gemeint ist bei der Angabe der Spannung an einem Punkt die Spannung, die dieser Punkt gegenüber „der Masse" aufweist.

Die positive Versorgungsspannung wird häufig auch nur mit einem Pfeil und der Beschriftung $+U_B$ oder +12V oder ähnlich angedeutet. Der (eingeklammerte) rechte Teil der Schaltung wird dann nicht mehr dargestellt. Am Anfang mag es etwas schwierig sein, Maschengleichungen unter Einbezug der nicht dargestellten Versorgungsquelle aufzustellen, aber durch den Bezug auf Masse lassen sich die Maschengleichungen oft durch andere Betrachtungen ersetzen.

Die Kollektorschaltung gemäß Bild 50 kann analysiert werden, indem folgendes Gedankenexperiment durchgeführt wird:

Zunächst gehen wir mal davon aus, dass eine Spannung U_e, die größer ist als 0,7V, den Transistor „aufsteuert", so dass also Strom auch auf der Kollektorseite fließt. Nun könnte man annehmen, dass bei „durchgeschaltetem" Transistor die Kollektorspannung (Spannung am Kollektor gegen Masse) zum Emitter „durchschaltet" wird. Dieser Gedanke führt allerdings zum Widerspruch. Denn dann wäre der Emitter evtl. auf einer höheren Spannung als die Basis, und somit die Basis-Emitterspannung negativ. Dabei wiederum kann der Transistor „durchschalten".

Also muss der Zustand des Transistors so sein, dass er nur soviel Strom durchlässt, dass sich am Emitterwiderstand R_E eine Spannung einstellt, die keine Bedingung verletzt. Dies bedeutet, dass die Basis-Emitterspannung dann ca. 0,7V betragen muss. Die Ausgangsspannung U_a, die am Emitterwiderstand R_E abgegriffen werden kann, ist demnach also um etwa 0,7V geringer als die Eingangsspannung U_e. Sie folgt bei Änderung der Eingangsspannung also im Abstand von 0,7V. Aus diesem Grund wird diese Schaltung auch als **Emitterfolger** bezeichnet.

Nun kann man sich fragen, welchen Sinn eine solche Schaltung macht, wenn die Spannung offensichtlich nicht „verstärkt" wird.

Der Sinn dieser Schaltung ist eine Stromverstärkung: Der Strom auf der Ausgangsseite ist um etwa den Faktor der Stromverstärkung höher als der auf der Eingangsseite:

$$I_E = I_C + I_B = B \cdot I_B + I_B = (B+1) \cdot I_B$$

Möchte man die Stromverstärkung noch weiter erhöhen, so kann man zwei Transistoren „kaskadieren" zur so genannten Darlington- Schaltung (Bild 51). Der erste Transistor verstärkt den Basisstrom I_{B1} um den Stromverstärkungsfaktor des ersten Transistors B_1 bzw. berechnet sich der Emitterstrom zu $I_{E1} = I_{B1} \cdot (B_1+1)$. Dieser Emitterstrom ist der Basisstrom der nächsten Stufe: $I_{B2} = I_{E1}$. Somit ergibt sich für den Emitterstrom der zweiten Stufe: $I_{E2} = I_{B2} \cdot (B_2+1) = I_{B1} \cdot (B_1+1)(B_2+1)$. Weil Die Stromverstärkungen B1 und B2 deutlich größer als 1 sind, kann man näherungsweise die Gesamtstromverstärkung

mit $B_G = \dfrac{I'_C}{I_{B1}} \approx \dfrac{I'_{E2}}{I_{B1}} \approx B_1 \cdot B_2$ ansetzen. Die Gesamtverstärkung derartiger Schaltungen liegt

oft im Bereich von 1000 bis 10000.

© Copyright 2015   G. Schmitz: Elektronik für Ingenieurstudenten

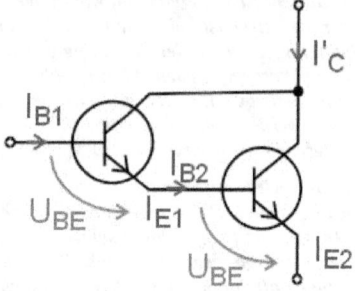

Bild 51: Darlingtonschaltung

Zwei Transistoren in Darlingtonschaltung in einem Gehäuse werden auch als „Darlingtontransistor" bezeichnet. Schaltsymbole hierzu finden sich in Bild 52.

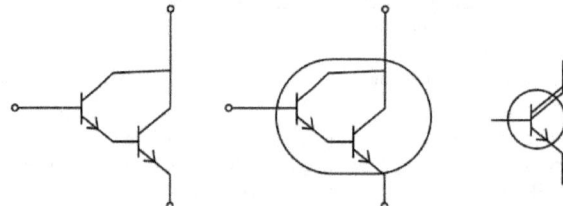

Bild 52: Alternative Symbole für Darlingtontransistoren

Das ganz linke Symbol wird bei integrierten Schaltungen verwendet, bei denen das Gehäuse nicht nur die beiden Transistoren umfasst sondern sich weitere (Halbleiter-)Bauelemente mit im selben Gehäuse befinden. Das Gehäuse wegzulassen hat sich ebenfalls eingebürgert, wenn man lediglich Schaltungsprinzipien darstellen möchte, die sowohl als diskrete Schaltung als auch als Teil eines integrierten Schaltkreises Verwendung finden könnten.

2.3.3 Basisschaltung

Die Basisschaltung soll hier nur der Vollständigkeit halber erwähnt werden. Bild 53 zeigt links das Prinzip der Basisschaltung, bei dem die Basis der gemeinsame Anschluss zwischen Ein- und Ausgang darstellt. Damit der Transistor überhaupt im Durchlassbereich betrieben werden kann muss der Emitter negativer als die Basis sein, also die Eingangsspannung U_e negativ.

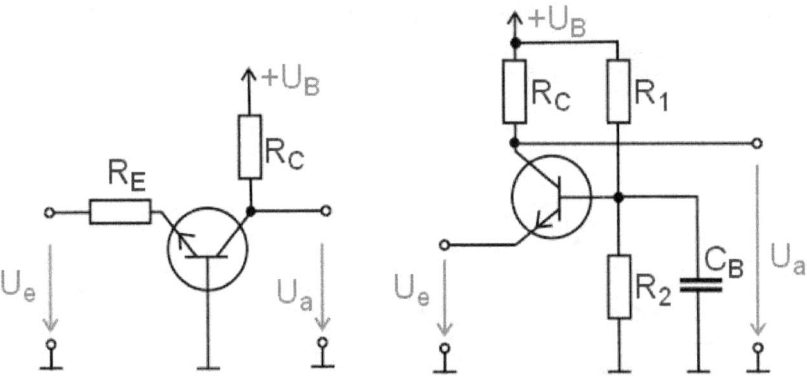

Bild 53: Basisschaltung, links Prinzip rechts praktische Ausführung

Im der rechten Schaltung ist dieses Manko aufgehoben, indem die Basis über einen Spannungsteiler auf ein positives Niveau gehoben wird. Dann muss allerdings bezüglich der Wechselspannung das Basisspannungsniveau auch „festgehalten werden", was über einen Kondensator parallel zum Widerstand R_2 erreicht wird. Wir werden nicht näher auf die Basisschaltungen eingehen, es sei jedoch erwähnt, dass die Eingangsstufen von Digital- ICs oft aus Transistoren mit mehreren Emittern in Basisschaltung aufgebaut sind.

2.4   Schaltungen mit Transistoren

In diesem Kapitel wollen wir uns weitere Schaltungen mit Transistoren ansehen. Dabei findet teilweise die Kollektorschaltung und teilweise die Emitterschaltung Verwendung.

2.4.1 Konstantstromquelle

In der Elektrotechnik- Vorlesung hatten wir die Stromquelle als „theoretisches" Gebilde kennengelernt. Nun wollen wir sehen, wie eine solche „Konstantstromquelle" mit Hilfe eines Transistors realisiert werden kann.

Die in Bild 54 dargestellte Schaltung stellt eine Kollektorschaltung (Emitterfolger) dar. Wir erinnern uns, dass dabei die Spannung am Emitter immer um ca. 0,7V niedriger ist als an der Basis. Somit wird sich am Emitter in der Schaltung immer eine Spannung von $U_E = U_1 - U_{BE} = U_1 - 0,7V$ einstellen. Der Emitterstrom I_E ergibt sich dann aus dem Spannungsabfall am Emitterwiderstand R_E zu:

$$I_E = \frac{U_E}{R_E} = \frac{U_1 - 0,7V}{R_E} \approx I_C$$

Der Kollektorstrom I_C ist bei großen Stromverstärkungen B nahezu gleich I_E. Interessant ist nun, dass der Emitterstrom und somit auch der Kollektorstrom I_C in der Schaltung unabhängig von der Versorgungsspannung U_B ist! Außerdem ist er unabhängig vom Kollektorwiderstand bzw. Lastwiderstand R_L

am Kollektor. Man hat also die Möglichkeit, einen konstanten Strom durch den Lastwiderstand zu erzielen, der nur von U_1 und R_E abhängt.

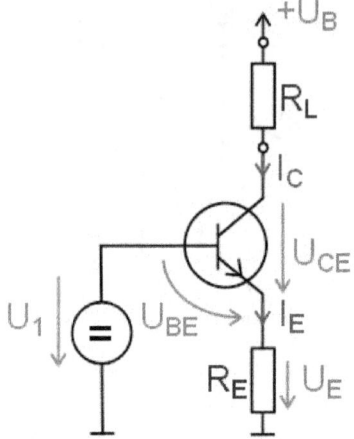

Bild 54: Prinzip einer elektronischen Konstantstromquelle

Die Anordnung aus Transistor, Spannungsquelle U_1 und Emitterwiderstand R_E stellt also eine Konstantstromquelle dar. Es müssen jedoch eine wichtige Randbedingungen erfüllt sein: U_{CE} muss dabei größer als Null sein, damit überhaupt ein I_C fließen kann.. Somit muss die Versorgungsspannung U_B größer sein als $U_E + I_C \cdot R_L$. Wird diese Randbedingung sicher eingehalten, so lässt sich die obige Schaltung Anordnung aus Transistor, Spannungsquelle U_1 und Emitterwiderstand R_E mit einem einzigen Symbol darstellen. Die in Bild 55 gezeigten Symbole sind allesamt durchaus üblich.

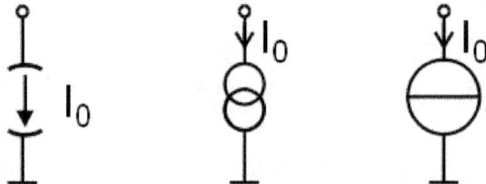

Bild 55: Symbole einer Konstantstromquelle

Die praktische Realisierung einer derartigen Stromquelle kann erfolgen, indem anstelle einer separaten Spannungsquelle U_1 eine entsprechende Basisspannung mit Hilfe einer Zenerdiode erzeugt wird (siehe Bild 56).

G. Schmitz: Elektronik für Ingenieurstudenten © Copyright 2015

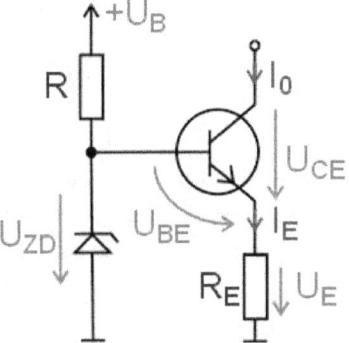

Bild 56: praktische Ausführung einer Konstantstromquelle

Hinweis: Eine derartige „elektronische" Konstantstromquelle funktioniert natürlich nur innerhalb gewisser Grenzen. So muss beispielsweise ausreichend Spannung zur Verfügung stehen, um den gewünschten Strom durch den Lastwiderstand zu „treiben".

2.4.2 Spannungsstabilisierung

Wenn wir uns vor Augen führen, dass auch die Spannung am Emitterwiderstand in der gerade diskutierten Konstantstromquelle konstant ist, so wird klar, dass man die im Prinzip identische Schaltung auch zur Spannungsstabilisierung verwenden kann.

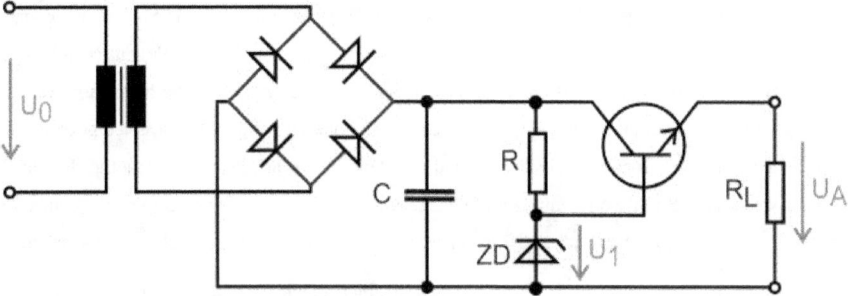

Bild 57: Elektronische Spannungsstabilisierung

In Bild 57 ist eine komplette Schaltung inklusive Netztransformator, Brückengleichrichter, Glättungskondensator sowie der eigentlichen Stabilisierungsschaltung aus Widerstand R, Zenerdiode ZD und Transistor dargestellt. Die Spannung U_1 stellt sich dabei auf die Zenerdiodenspannung ein und die Ausgangsspannung U_A entsprechend um 0,7V niedriger. Diese Ausgangsspannung steht dann unabhängig von der Größe der Spannung am Kondensator und unabhängig von der Größe des Lastwiderstandes stabilisiert zur Verfügung. *(Einschränkung: Natürlich muss die Spannung am Kondensator ausreichend groß sein und der Lastwiderstand darf auch nicht derart niederohmig sein, dass der Maximalstrom des Transistors überschritten wird.)*

Der große Vorteil gegenüber einer einfachen Stabilisierung nur über Widerstand und Zenerdiode ist die deutlich geringere Ruhestromaufnahme der Schaltung.

2.4.3 Schaltverstärker

In vielen Fällen wird die Stromverstärkung des Transistors lediglich dazu benutzt, um mittels eines kleinen Stroms (z.B. aus einer hochohmigen Quelle) einen größeren Strom ein- und auszuschalten. Dieser „größere" Strom kann dann wiederum verwendet werden, um ein Relais (siehe Elektrotechnikvorlesung) zu schalten. Dieses kann dann seinerseits einen Stromkreis z.B. mit einer deutlich höheren Strom- und Spannungsanforderung schalten.

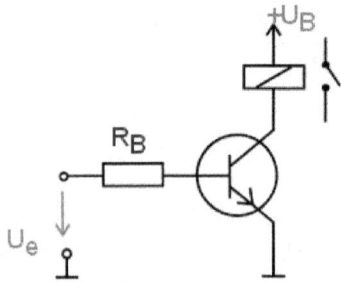

Bild 58: Nichtinvertierender Schaltverstärker

In Bild 58 ist ein derartiger Schaltverstärker abgebildet. Wird am Eingang eine Spannung Ue angelegt, die größer sein muss als 0,7V, so fließt ein Basisstrom, dessen Größe im Wesentlichen von der Größe der Eingangsspannung und dem Basiswiderstand R_B abhängt. Durch die hohe Stromverstärkung des Transistors kann dieser Strom aber recht klein gehalten werden. Er muss lediglich ausreichen, einen Kollektorstrom zu realisieren, der das Relais zum Schalten bringt. Benötigt das Relais beispielsweise eine Strom von 50mA zum Schalten und beträgt die minimale Stromverstärkung des Transistors B = 200, so würden schon 0,25mA Basisstrom ausreichen, um das Relais einzuschalten.

Ein solcher Strom kann z.B. durch einen Temperaturfühler, einen lichtabhängigen Widerstand oder ähnliche Sensoren zur Verfügung gestellt werden.

Derartige Schaltverstärker werden häufig in der „Sättigung" betrieben. Das bedeutet, dass mehr Basisstrom fließt als zur vollständigen „Aufsteuerung" des Transistors erforderlich ist. In Bild 59 erkennt man, dass bei einem hohen Basisstrom die entsprechende Ausgangskennlinie im steil aufsteigenden Bereich von der Widerstandsgeraden geschnitten wird. Es stellt sich dabei dann eine sehr kleine Kollektor-Emitterspannung U_{CE} von 0 bis 0,2 Volt (je nach Auslegung) ein.

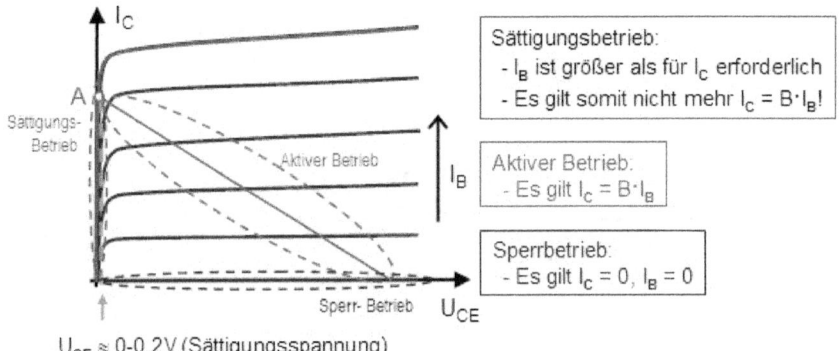

Sättigungsbetrieb:
- I_B ist größer als für I_C erforderlich
- Es gilt somit nicht mehr $I_C = B \cdot I_B$!

Aktiver Betrieb:
- Es gilt $I_C = B \cdot I_B$

Sperrbetrieb:
- Es gilt $I_C = 0$, $I_B = 0$

$U_{CE} \approx 0\text{-}0,2V$ (Sättigungsspannung)

Bild 59: Betriebsbereiche des Transistors

Eine Ansteuerung im Sättigungsbetrieb ist jedoch für sehr schnelle Schaltvorgänge nicht gut geeignet.

Die Schaltverstärker lassen sich in vielen weiteren Varianten nutzen.

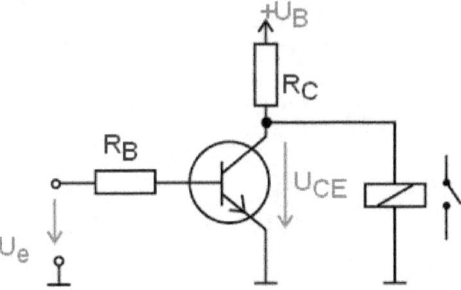

Bild 60: Invertierender Schaltverstärker

Bild 60 zeigt eine Realisierungsmöglichkeit für einen Invertierenden Schaltverstärker. Das hier verwendete Prinzip basiert darauf, dass bei „ausgeschaltetem" Transistor ein Strom durch den Kollektorwiderstand R_C zum Relais fließt, der das Relais schalten lässt. Wird der Transistor nun mit einer Eingangsspannung beaufschlagt, so dass ein Basisstrom fließt, so leitet der Transistor, die Kollektor-Emitterspannung U_{CE} wird nahezu Null und das Relais schaltet ab, der Strom fließt nun durch den Kollektorwiderstand R_C und den Transistor. Diesen Zustand des kompletten Durchsteuerns des Transistors bis zur Kollektor- Emitterspannung $U_{CE} \cong 0$ bezeichnet man auch als „Sättigungsbetrieb" des Transistors. Die Widerstandsgerade schneidet dabei im „aufsteigenden Ast" die Ausgangskennlinie des Transistors.

Die dargestellte Art, einen invertierenden Verstärker aufzubauen ist jedoch nicht empfehlenswert, da grundsätzlich ein Strom durch den Kollektorwiderstand fließt und die Dimensionierung der Schaltung evtl auch problematisch ist. Günstiger ist die Verwendung einer separaten Inverterstufe wie in Bild 61 dargestellt.

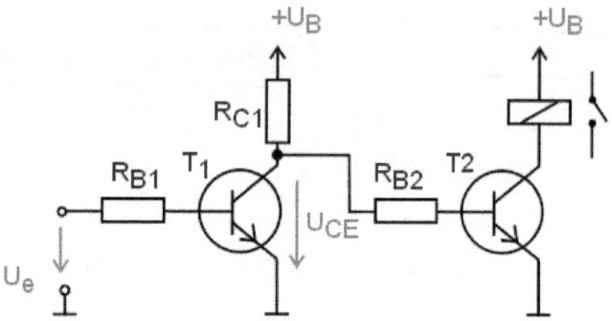

Bild 61: Schaltverstärker mit Inverterstufe

Dabei wird der gleiche Effekt ausgenutzt, nämlich, dass die Kollektor- Emitterspannung U_{CE} nahezu Null wird und somit die zweite Stufe nur mit einer Spannung angesteuert wird, wenn die erste Stufe ausgeschaltet ist.

Wir unterscheiden zwei Fälle:

Fall 1:

$$U_e = 0 \quad \rightarrow I_{B1} = 0 \quad \rightarrow I_{C1} = 0\,(T_1 \text{ sperrt}) \quad \rightarrow$$

$$U_{CE} \approx U_B \rightarrow I_{B2} > 0 \quad \rightarrow I_{C2} > 0 \;(T_2 \text{ leitet})$$

Das Relais schaltet ein.

Fall 2:

$$U_e > 0 \quad \rightarrow I_{B1} > 0 \quad \rightarrow I_{C1} > 0\,(T_1 \text{ leitet}) \quad \rightarrow$$

$$U_{CE} \approx 0 \rightarrow I_{B2} = 0 \quad \rightarrow I_{C2} = 0 \;(T_2 \text{ sperrt})$$

Das Relais schaltet aus.

Eine Kombinationsmöglichkeit für invertierendes Schaltverhalten und nichtinvertierendes Verhalten ist in Bild 62 dargestellt.

G. Schmitz: Elektronik für Ingenieurstudenten

© Copyright 2015

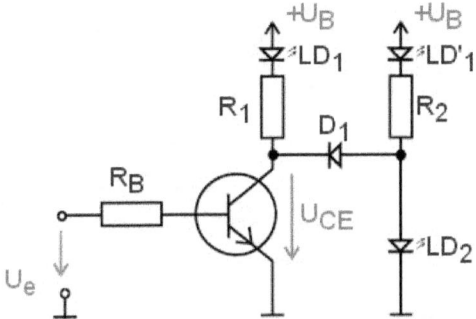

Bild 62: Kombinierter Invertierender/Nichtinvertierender Schaltverstärker

Wenn Ue > 0 ist, schaltet der Transistor durch, die Leuchtdioden LD_1 und LD'_1 werden bestromt und leuchten dann. Die Leuchtdiode LD_2 bekommt nicht genügend Spannung, da UCE etwa gleich Null ist. Somit leuchtet Leuchtdiode LD_2 nicht.

Ist Ue = 0, so sperrt der Transistor, es fließt kein Strom durch den Transistor. LD_1 leuchtet nicht. Nun kann sich eine Spannung an LD_2 aufbauen, LD_2 leuchtet. LD'_1 leuchtet jedoch auch, da sie vom selben Strom durchflossen wird wie LD_2. Somit wird auch deutlich, wozu die Diode D_1 dient. Sie soll den Stromfluss von der Leuchtdiode LD_1 über die Leuchtdiode LD_2 zur Masse verhindern.

Zuletzt soll noch auf eine Besonderheit bei der Ansteuerung von induktiven Aktuatoren eingegangen werden.

In Bild 63 ist eine derartige Ansteuerung dargestellt. Der Aktuator (z.B. ein Zugmagnet, eine Einspritzdüse, ein Schaltventil …) ist durch die Induktivität L_A und den Widerstand R_A seiner Magnetwicklung dargestellt. Wie wir wissen, steigt der Strom beim Einschalten an einer Induktivität mit einer e-Funktion bis zum Maximalwert asymptotisch an. Eine sprunghafte Änderung des Stromes ist bei endlicher Spannung ausgeschlossen, weil die Anstiegsgeschwindigkeit des Stromes bei der Spule proportional zur Spannung ist und umgekehrt. Beim Abschalten würde also eine unendlich hohe Spannung entstehen, wenn der Strom sofort zu Null würde (im Bild Schaltung und Kurven Nr.1). Dies hätte jedoch die Zerstörung des Transistors zur Folge.

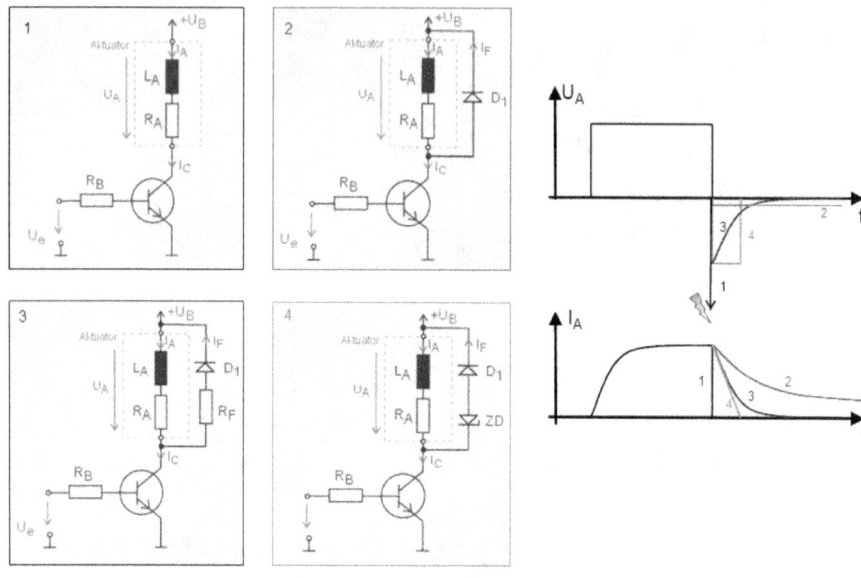

Bild 63: Ansteuerung eines (induktiven) Aktuators

Schaltet man aber eine Diode in der im Bild dargestellten Richtung parallel zum Aktuator, so kann der Strom beim Abschalten des Transistors durch die Diode zunächst weiterfließen (die Spule wirkt dann als Quelle; sie hat ja Energie im Magnetfeld gespeichert). Aufgrund der Verluste im Widerstand und der Diode baut sich der Strom nun langsam ab. Der Transistor ist somit keiner zu hohen Spannung mehr ausgesetzt. (Im Bild Schaltung und Kurven Nr. 2). Dass bei Verwendung einer Freilaufdiode die Spannung auf einen kleinen Wert um 0,7V begrenzt wird, führt dazu, dass die Energieverluste pro Zeit nur gering sind. Dadurch dauert es sehr lange, bis sich die in der Spule gespeicherte Energie abgebaut hat und der Strom auf Null absinkt.

Beschleunigen kann man diesen Abbau der gespeicherten Energie durch die Reihenschaltung eines Widerstandes zu der Diode. Hierdurch wird die über dem Freilaufzweig abfallende Spannung vergrößert, die Energie baut sich schneller ab, der Strom sinkt schneller auf Null (im Bild Schaltung und Kurven Nr.3). Von gewissem Nachteil ist allerdings die Auslegungsunsicherhit. Ein hoher Strom zum Zeitpunkt des Abschaltens führt zu einer entsprechend hohen Spannung. Wird aufgrund von Toleranzen oder von Temperatureffekten der Strom größer als erwartet, so überschreitet die Abschaltspannung evtl. schon die kritische Grenze der zulässigen Transistorspannung.

Günstiger ist noch die Verwendung einer Zenerdiode, mit der eine konstante Spannungsbegrenzung sichergestellt werden kann. Während der gesamten Zeit des Energieabbaus liegt die Spannung bei dem Wert, der sich aus der Zenerspannung zuzüglich der Durchlassspannung der Zenerdiode ergibt.

G. Schmitz: Elektronik für Ingenieurstudenten   © Copyright 2015

Hierdurch ergibt sich ein schnellstmöglicher, praktisch linearer Stromabfall (im Bild Schaltung und Kurven Nr.4).

Zur Verdeutlichung des Verhaltens einer Diode haben wir im ersten Kapitel schon ein Ventil als hydraulisches Äquivalent herangezogen. Im Buch „Elektrotechnik für Ingenieurstudenten" wurde das Verhalten einer Spule mit einem Turbinenrad verglichen. In Bild 64 ist nun mit Hilfe eines hydraulischen Kreises der Freilauf erklärt.

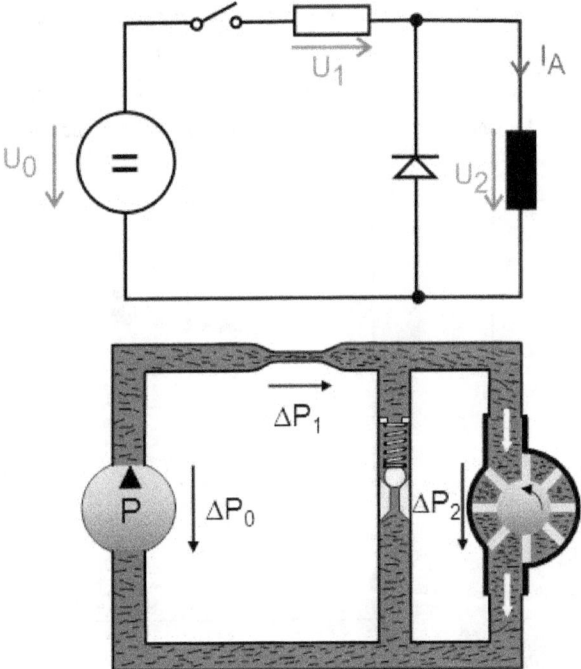

Bild 64: Freilaufprinzip durch Wasserkreislauf verdeutlicht

Sobald die Pumpe/Quelle eingeschaltet wird, beginnt die Turbine sich zu drehen und wird beschleunigt. Das in der Mitte dargestellte Ventil bleibt geschlossen, da der Druck von oben die Kugel in ihren Sitz drückt. Die Beschleunigung des Turbinenrades hält an bis die bei dem gelieferten Druck maximal mögliche Drehzahl und somit der maximal mögliche Durchfluss erreicht wird. Im elektrischen entspricht dies dem maximalen Strom, der mit dem bekannten „1-e"-förmigen Verlauf seinem Maximum zustrebt. In der Spule wird dabei ein Magnetfeld aufgebaut, es wird Energie im Magnetfeld gespeichert. Im hydraulischen Kreis wird die Energie aufgrund der Massenträgheit im rotierenden Teil der Turbine gespeichert.

Wird nun die Pumpe abgeschaltet, so versucht die Turbine aufgrund dieser Trägheit zunächst weiterzudrehen, wobei der Wasserfluss in der bisherigen Richtung zunächst aufrecht erhalten wird. Das

Ventil wird nun öffnen und dem Wasser den Durchfluss ermöglichen – analog zur Diode, die die Aufrechterhaltung des Stromflusses durch die Induktivität in gleicher Richtung wie zuvor ermöglicht.

Ohne das Ventil bzw. die Diode würde der Druck bzw. die Spannung ansteigen, bis das Wasser bzw. der Strom sich „einen Weg bahnt" (durch Zerstörung von Komponenten).

Varianten der Freilaufschaltungen mit Zenerdioden sind in Bild 65 dargestellt. Bei der linken Variante wird die Zenerdiode parallel zum Transistor geschaltet. Neben der Einsparung einer normalen Diode wiest diese Ausführung den Vorteil auf, dass die Dimensionierung der Diode unabhängig von der Betriebsspannung vorgenommen werden kann, da die Spannungsbegrenzung unmittelbar am Transistor wirkt. Nachteilig ist allerdings, dass auch während der Freilaufphase noch Strom aus der Versorgung entnommen wird, so dass diese Variante energetisch ungünstiger ist und die Zenerdiode mehr Leistung aufnehmen muss.

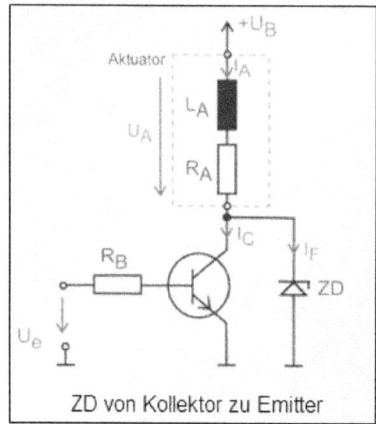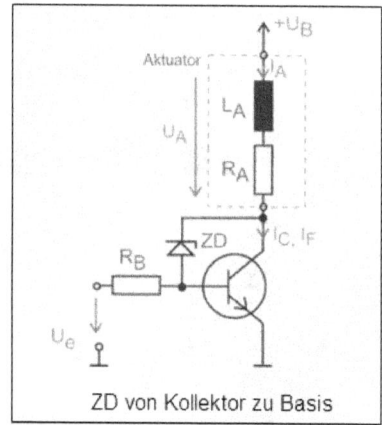

Bild 65: Weitere Freilaufvarianten bei der Ansteuerung eines (induktiven) Aktuators

Bei der rechten Variante ist die Zenerdiode vom Kollektor des Transistors zur Basis geschaltet. Steigt nu die Spannung am Kollektor des Transistors auf einen Wert, der größer als die Zenerdiodenspannung zuzüglich der zum Öffnen des Transistors erforderlichen Basis-Emitterspannung (ca. 0,7V) ist, so beginnt die Kollektor-Emitterstrecke wieder zu öffnen und begrenzt somit die Kollektor-Emitterspannung auf eben diesen Wert. Der Vorteil liegt darin, dass durch die Zenerdiode nur der deutlich kleinere Basisstrom fließen muss. Man kann also eine Zenerdiode mit geringer Verlustleistung einsetzen, was Kostenvorteile und Bauraumeinsparung mit sich bringt. Die Verlustleistung muss allerdings nun vom Transistor aufgenommen werden, der aber aufgrund seiner Dimensionierung meist sowieso dazu in der Lage ist, die Verlustleistung zu ertragen.

 G. Schmitz: Elektronik für Ingenieurstudenten © Copyright 2015

2.4.4 Realisierung logischer Funktionen mit Transistorlogik

Im nächsten Beispiel soll die Anwendung von Schaltverstärkern für die Digitaltechnik aufgezeigt werden. Als einfaches Beispiel ist in Bild 66 die Realisierung einer (invertierenden) ODER- Verknüpfung dargestellt. Wenn die Eingangsspannung U_{e1} ODER die Spannung U_{e2} (deutlich) größer als Null ist, schaltet der Transistor durch, die LED LD1 leuchtet, die Ausgangsspannung Ua wird zu Null. Liegt weder an Eingang 1 noch an Eingang 2 eine Spannung an (beide Eingänge sind ‚0'), so sperrt der Transistor, die Ausgangsspannung ist etwa gleich U_B (eigentlich abzüglich der Diodenspannung von LD1. (Diese Leuchtdiode ist jedoch nur in der Beispielschaltung vorhanden und würde bei einem logischen Schaltelement entfallen).

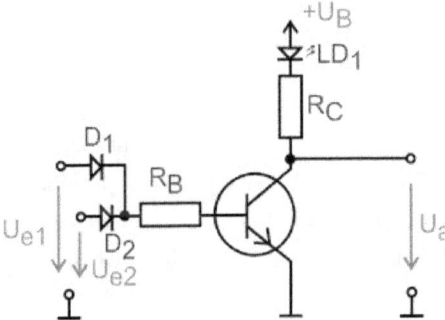

Bild 66: Realisierung logischer Funktionen mittels Diode/Transistor-Logik

Die Dioden dienen der Entkopplung der beiden Eingänge. Eine derartige Logikschaltung bezeichnet man auch als „DTL" (Diode-Transistor Logik). In integrierten Schaltungen wird aus Gründen der günstigeren Eigenschaften die „TTL" (Transistor- Transistor Logik) eingesetzt. Will man aber z.B. nur ein Gatter innerhalb einer diskreten Schaltung aufbauen, so lässt sich die DTL- Logik günstig verwenden.

RS-Flipflop

Ein weiteres Beispiel für eine Logikschaltung ergibt sich bei der Zusammenschaltung zweier Inverterstufen, bei der der Ausgang der zweiten Inverterstufe wieder auf den Eingang der ersten zurückgeführt wird. Hierdurch ergibt sich eine positive Rückkopplung, eine sogenannte Mitkopplung.

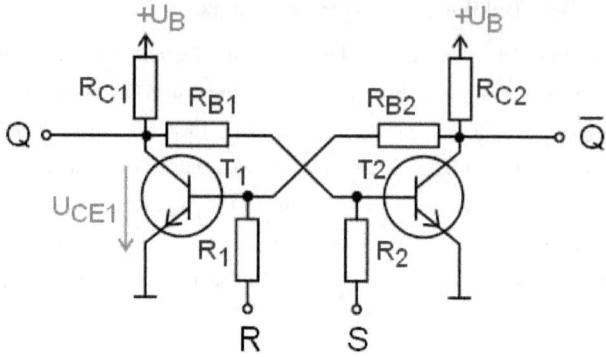

Bild 67: RS-Flipflop aus Transistoren

Analysieren wir mal das Verhalten der Schaltung nach Bild 67:

Legt man eine positive Spannung (logisch ‚1') an den Anschluss ‚R', so wird ein Basisstrom durch den Transistor T_1 fließen, der Transistor schaltet ‚ein'. Hierdurch wird die Kollektor- Emitterspannung U_{CE1} zu Null, dies ist gleichzeitig die Spannung am Ausgang Q, der somit den logischen Pegel ‚0' aufweist. Somit kann an T_2 kein Basisstrom fließen, der Transistor T_2 sperrt. Hierdurch ergibt sich - unter der Vorraussetzung, dass die Basiswiderstände R_B deutlich größer sind als die Kollektorwiderstände R_C - eine Kollektor- Emitterspannung an Transistor T_2, die etwa gleich der Versorgungsspannung ist. Am Ausgang $\overline{Q}$ liegt somit eine logische ‚1'. Über den Widerstand R_{B2} kann nun ein zusätzlicher Basisstrom durch T_1 fließen, der auch dann noch den Transistor T_1 aufsteuert, wenn man die positive Spannung am Eingang ‚R' entfernt.

Legt man andererseits eine positive Spannung (logisch ‚1') an den Anschluss ‚S', so wird ein Basisstrom durch den Transistor T_2 fließen, der Transistor schaltet ‚ein'. Hierdurch wird die Kollektor- Emitterspannung diese Transistors zu Null, dies ist gleichzeitig die Spannung am Ausgang $\overline{Q}$, der somit den logischen Pegel ‚0' aufweist. Somit kann an T_1 kein Basisstrom fließen, der Transistor T_1 sperrt. Hierdurch ergibt sich eine Kollektor- Emitterspannung an Transistor T_1, die etwa gleich der Versorgungsspannung ist. Am Ausgang Q liegt somit eine logische ‚1'. Über den Widerstand R_{B1} kann nun ein zusätzlicher Basisstrom durch T_2 fließen, der auch dann noch den Transistor T_2 aufsteuert, wenn man die positive Spannung am Eingang ‚S' entfernt.

Wir sehen also, dass diese Schaltung zwei stabile Zustände aufweist, zwischen denen durch Anlegen einer ‚1' (positive Spannung) an einen der Eingänge ‚R' bzw. ‚S' umgeschaltet werden kann.

Durch kurzzeitiges Anlegen einer ‚1' an den SET- Eingang ‚S' wird das sogenannte RS-Flipflop „gesetzt", d.h. der Ausgang ‚Q' wird zu logisch ‚1'. Durch kurzzeitiges Anlegen einer ‚1' an den RESET- Eingang ‚R' wird das Flipflop „rückgesetzt", d.h. der Ausgang ‚Q' wird zu logisch ‚0'. Der Ausgang

 © Copyright 2015

$\overline{Q}$ nimmt dann jeweils den gegenteiligen Zustand von Q an. Dies wird durch den Querbalken über dem Q gekennzeichnet.

Lediglich wenn beide Eingänge ‚S' und ‚R' gleichzeitig ‚1' sind, kommt es zu einem Zustand, in dem Q und $\overline{Q}$ beide Null sind. Somit ist die Bezeichnung $\overline{Q}$ eigentlich nicht ganz korrekt, dennoch wird auch bei integrierten Schaltungen mit diesem Verhalten die Bezeichnung $\overline{Q}$ verwendet.

2.4.5 Gegenkopplungsverstärker

Zur Reduzierung der in Kapitel 2.3.1 aufgezeigten nichtlinearen Verzerrungen gibt es die Möglichkeit, eine Gegenkopplung in die Schaltung einzubringen. Hierzu gibt es bei der Emitterschaltung im Wesentlichen zwei Varianten, die Strom und die Spannungsgegenkopplung.

Emitterschaltung mit Stromgegenkopplung

Bild 68 zeigt eine Emitterschaltung, bei der am Emitter ein Stromgegenkopplungswiderstand R_E eingefügt wurde. Wir kennen dies bereits von der Arbeitspunktstabilisierung (Seite 45). Bei Erhöhung der Eingangsspannung erhöht sich wie beim Emitterfolger auch die Spannung am Gegenkopplungswiderstand R_E, so dass dies einer Erhöhung des Basisstromes entgegenwirkt.

Ändert man also die Eingangsspannung U'_e um einen Betrag $\Delta U'_e$, so ändert sich auch die Spannung U_E am Gegenkopplungswiderstand R_E um den gleichen Betrag Dies führt zu einer Stromänderung des Emitterstromes um $\Delta I_E = \Delta U_E / R_E$. Da der Kollektorstrom praktisch gleich dem Emitterstrom ist, ändert sich dieser ebenfalls um diesen Betrag. Der Spannungsabfall U_{RC} am Widerstand R_C ändert sich dann entsprechend um $\Delta U_{RC} = R_C \cdot \Delta I_E = R_C \cdot \Delta U_E / R_E$. Die Spannung U'_a entspricht gemäß Maschenregel $U_a = U_B - U_{RC}$. Somit ändert sich diese Ausgangsspannung um

$$U'_a = -\Delta U_{RC} = -\Delta U_E \cdot R_C / R_E = -\Delta U'_e \cdot R_C / R_E \ .$$

© Copyright 2015 G. Schmitz: Elektronik für Ingenieurstudenten

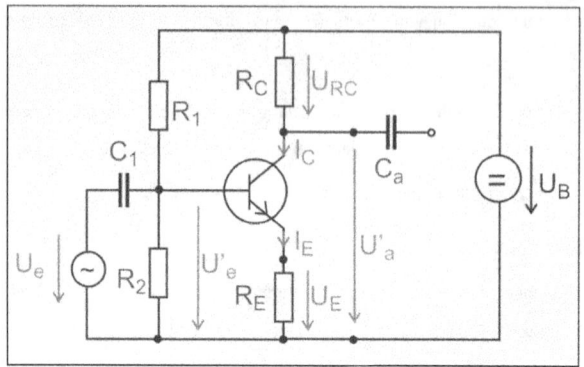

Reduzierung nichtlinearer Verzerrungen

$$A = v_u = \frac{\Delta U'_a}{\Delta U'_e} = -\frac{R_C}{R_E}$$

Bild 68: Emitterschaltung mit Stromgegenkopplung

Das Verhältnis der Ausgangsspannungsänderung zur Eingangsspannungsänderung ergibt sich dann als Verhältnis von Kollektorwiderstand zu Emitterwiderstand (mit negativem Vorzeichen). Dies ist dann die Betriebsverstärkung A bzw. die Spannungsverstärkung v_u.

Emitterschaltung mit Spannungsgegenkopplung

Bild 69 zeigt eine andere Variante, bei der ein Gegenkopplungswiderstand vom Kollektor zur Basis für die Reduzierung der Verstärkung und zur Linearisierung der Übertragung sorgt. Wird die Eingangsspannung größer, so wird die Ausgangsspannung kleiner (invertierender Verstärker). Da diese nun über den Rückführwiderstand R_F auf die Basis zurückgeführt wird, reduziert sich die Ansteuerung des Transistors, da diese Spannung dem ursprünglichen Signal entgegen wirkt. Die Verstärkung kann hier durch das Verhältnis zwischen R_F und R_1 eingestellt werden.

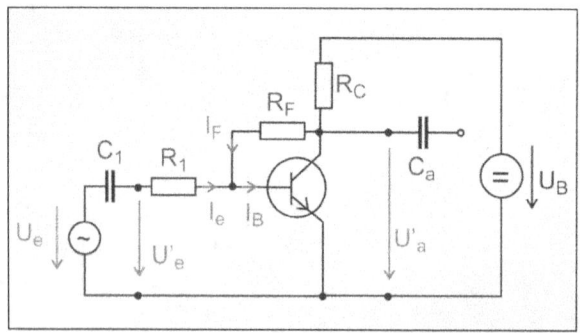

Reduzierung nichtlinearer Verzerrungen

$$A = v_u = \frac{\Delta U'_a}{\Delta U'_e} \approx -\frac{R_F}{R_1}$$

Bild 69: Emitterschaltung mit Spannungsgegenkopplung

Bei dieser Schaltung wird auch gleich die Arbeitspunkteinstellung durch den Rückführwiderstand realisiert.

G. Schmitz: Elektronik für Ingenieurstudenten

© Copyright 2015

Bei den in diesem Kapitel dargestellten Schaltungen wird gleichzeitig zur Reduzierung der nichtlinearen Verzerrungen eine Arbeitspunktstabilisierung und eine Unempfindlichkeit gegen Änderung des Stromverstärkungsfaktors (z.B. bei Austausch des Transistors) bewirkt.

2.4.6 Differenzverstärker

An dieser Stelle soll noch kurz auf eine besondere Art eines Verstärkers eingegangen werden, der in der Eingangsstufe von Operationsverstärkern (siehe Kapitel 3) verwendet wird.

In der Schaltung in Bild 70 erkennen wir zwei Transistoren, die gleichartig verschaltet sind und jeder über einen Eingang verfügt. Die Summe der Emitterströme wird jedoch konstant gehalten mit Hilfe einer Konstantstromquelle, wie wir sie schon aus dem Kapitel 2.4.1 kennen.

An den Kollektoren lässt sich nun jeweils eine Ausgangsspannung abgreifen, die allerdings jeweils in gegenteiliger Weise von den beiden Eingangsspannungen beeinflusst wird. Nehmen wir als Beispiel die Ausgangsspannung des Transistors T_2 U_{a2}. Wird die Spannung U_{e2} größer, so wird die Spannung an R_{E2} größer (Emitterfolgerprinzip) und somit auch der Stromfluss durch T_2. Somit steigt auch der Spannungsabfall an R_{C2}, die Spannung U_{a2} sinkt ab.

Wird dagegen die andere Eingangsspannung U_{e1} erhöht, so steigt der Strom durch T_1. Da jedoch der Gesamtstrom beider Transistoren über die Konstantstromquelle konstant gehalten wird, muss gleichzeitig der Strom durch T_2 sinken. Hierdurch reduziert sich der Spannungsabfall an R_{C2}, die Ausgangsspannung U_{a2} steigt.

Also haben die beiden Eingänge einen genau gegenteiligen Effekt auf die Ausgangsspannung. Es wird demnach die Differenz der Eingangsspannungen U_{e1} -U_{e2} verstärkt.

Wenn möglichst gleiche Transistoren verwendet werden können die Emitterwiderstände klein gehalten werden oder sogar ganz entfallen. Dann wird die Verstärkung besonders groß.

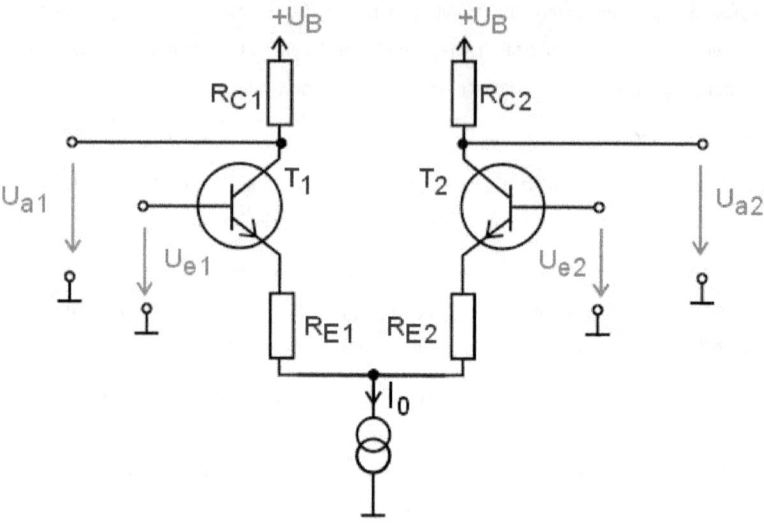

Bild 70: Differenzstärker

2.5 Verlustleistung von Transistoren

Wie jedes elektronische Bauteil ist auch jeder Transistor für eine bestimmte maximale Verlustleistung ausgelegt, da er ansonsten thermisch zerstört würde. In Bild 71 sind die beiden Verslustleistungsanteile von Eingangs- und Ausgangsseite dargestellt.

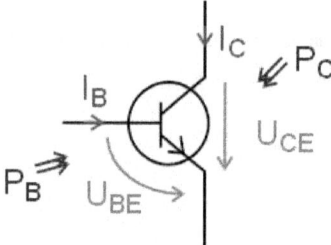

Bild 71: Verlustleistung von Transistoren

Die Gesamtverlustleitung setzt sich aus beiden Anteilen zusammen, wobei die Eingangsverslustleistung in vielen Fällen aufgrund des kleinen Basisstromes vernachlässigt werden kann:

$$P_T = P_B + P_C = U_{BE} \cdot I_B + U_{CE} \cdot I_C \quad \text{bzw.} \quad P_T \approx U_{CE} \cdot I_C$$

Diese Verlustleistung wird im Transistor in Wärme umgesetzt, die zur Temperaturerhöhung des Transistors führt. Damit der Transistor nicht überhitzt wird, muss diese Wärme an die Umgebung abge-

G. Schmitz: Elektronik für Ingenieurstudenten © Copyright 2015

führt werden. Für die Berechnung der Temperaturerhöhung des Transistors kann man ein thermisches Modell verwenden, das als „elektrische Schaltung" dargestellt wird. Dabei werden die folgenden Analogien verwendet:

Wärmestrom = elektrischer Strom

thermischer Widerstand = elektrischer Widerstand

Temperatur = elektrisches Potenzial $\Rightarrow$

Temperaturdifferenz = elektrische Spannung

Daraus lässt sich in Analogie zum „**Ohmschen Gesetz**" ableiten:

$$\Delta T = P \cdot R_{th}$$

$$\Rightarrow T_{junction} = T_{Umgebung} + P \cdot R_{th}$$

Dabei beträgt die Einheit des thermischen Widerstandes: $[R_{th}] = K/W$

Der Leistungsfluss in Form von Wärme wird auch als „Wärmestrom" bezeichnet: $\dot{Q} = P$

Eine Ersatzschaltung für die Wärmeabfuhr des Transistors vom pn-Übergang („junction") zur Umgebung ergibt sich damit gemäß Bild 72:

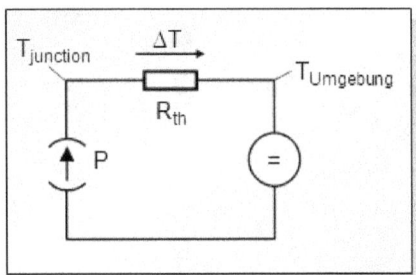

Bild 72: Modell zur Wärmeabfuhr vom Transistor zur Umgebung

Wird ein Transistor zur besseren Wärmeabfuhr mit einen Kühlkörper gekühlt, so ergibt sich ein etwas differenzierteres Bild (Bild 73):

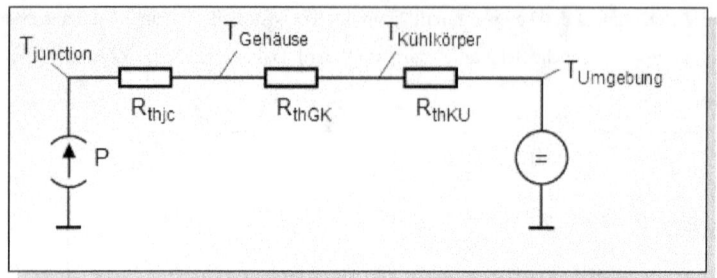

Bild 73: Wärmeabfuhr vom Transistor zur Umgebung über einen Kühlkörper

Hierbei wird der thermische Widerstand zur Umgebung in drei Einzelwiderstände aufgeteilt:

- den Widerstand zwischen dem pn-Übergang (junction) des Transistors und dem Gehäuse des Transistors R_{thjc}

- den Widerstand zwischen dem Gehäuse des Transistors und dem Kühlkörper R_{thGK}

- den Widerstand zwischen dem Kühlkörper und der Umgebung R_{thKU}

Wird zum besseren Wärmeübergang zwischen Transistor und Kühlkörper Wärmeleitpaste verwendet, so ergibt sich ein weiterer in Reihe geschalteter Widerstand (dafür reduzieren sich der Wert für R_{thGK}).

Ein Beispiel zur Auslegung von Kühlkörpern befindet sich im Anhang 0.

Bei zeitlich veränderlicher Verlustleistung kann zusätzlich die Wärmekapazität der beteiligten Komponenten zur Ermittlung des dynamischen Verhaltens berücksichtigt werden (Bild 74).

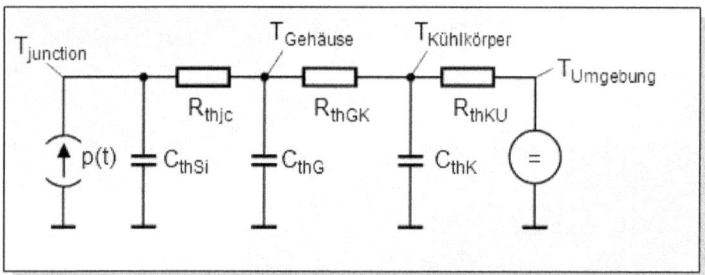

Bild 74: Wärmeabfuhr bei Berücksichtigung zeitlich veränderlicher Verlustleistung

Die Wärmespeicher werden im Ersatzschaltbild als Kondensatoren berücksichtigt. Dabei beträgt dann die Einheit der Wärmekapazität: $[C_{th}] = Ws/K$

G. Schmitz: Elektronik für Ingenieurstudenten   © Copyright 2015

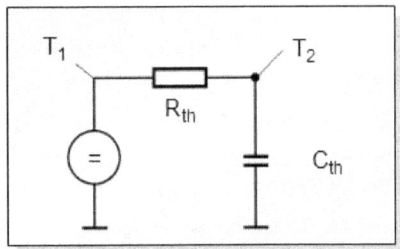 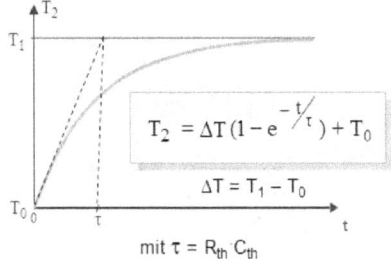

$$T_2 = \Delta T (1 - e^{-t/\tau}) + T_0$$

$$\Delta T = T_1 - T_0$$

mit $\tau = R_{th} \cdot C_{th}$

Bild 75: Thermische Zeitkonstante

Analog zur Elektrotechnik kann man für die Kombination aus Widerstand und Kondensator eine Zeitkonstante ermitteln. Diese thermische Zeitkonstante berechnet sich analog zur Elektrotechnik zu:

$$\tau_{th} = R_{th} \cdot C_{th}$$

Es ergibt sich wie bei der Elektrotechnik ein Tiefpassverhalten. In der Regelungstechnik spricht man auch von einem PT$_1$-Glied.

2.6 Weitere Transistortypen und andere Halbleiterbauelemente

In diesem Kapitel sollen weitere Transistortypen und andere Halbleiter kurz vorgestellt werden, ohne dass auf Schaltungstechnik oder genauere Bauteileigenschaften eingegangen werden soll.

2.6.1 Feldeffekttransistoren (FETs)

Feldeffekttransistoren (FETs) weisen auf der „Ausgangsseite" im Gegensatz zu den bisher besprochenen Transistoren keinen pn-Übergang auf. Vielmehr wird aus einer Dotierungszone (im Bild z.B. n-Dotierung) ein „Kanal" gebildet, durch den Strom fließen kann. Wegen des fehlenden pn- Überganges zwischen D und S werden diese Transistoren auch als „unipolar" bezeichnet, während die konventionellen Transistoren auch als „Bipolartransistoren bezeichnet werden.

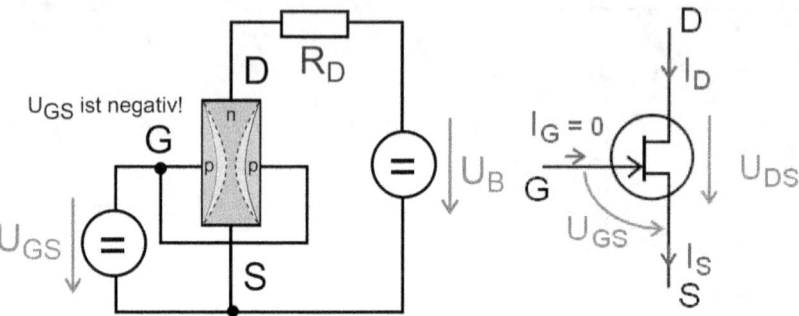

Bild 76: Funktionsprinzip und Schaltsymbol eines n-Kanal Junction FETs

D = Drain, S = Source, G = Gate

Die Funktion des FETs liegt in einer Steuerung der „Durchlassbreite" des Kanals. An der Seite des Kanals sind anders dotierte Zonen vorhanden (im Bild p-dotiert), die durch den sogenannten Gate-Anschluss (G) nach außen kontaktiert werden. Wenn eine negative Spannung zwischen Gate G und Source S angelegt, so wirkt der pn- Übergang wie eine gesperrte Diode. Hierdurch werden die Ladungsträger aus der Zone in der Nähe des Übergangs abgezogen, der leitfähige Kanal wird „eingeschnürt". Bei weiterer Erhöhung der negativen Spannung wird der Kanal „abgeschnürt", es kann somit kein Ladungstransport zwischen Drain und Source stattfinden. Diese „Abschnürspannung" liegt bei 4-5V.

Der Einfluss auf den Kanal erfolgt also quasi durch ein elektrisches Feld, wodurch sich auch der Name des Transistors erklärt.

Von der Funktion her kann man eine Analogie der Anschlüsse bei Bipolartransistoren und FETs ableiten: Der Kollektor entspricht dem Drain- Anschluss, der Emitter dem Source- Anschluss, die Basis dem Gate- Anschluss.

Aufgrund des in Sperrrichtung geschalteten pn- Überganges fließt beim FET allerdings kein Steuerstrom, vielmehr wird der Transistor über die Spannung am Gate gesteuert. Ein weiterer Unterschied besteht darin, dass der FET selbstleitend ist und erst durch eine negative Steuerspannung am Gate gesperrt werden kann.

Genau wie bei den Bipolartransistoren gibt es auch FET- Typen, bei denen die Dotierungen vertauscht sind (p-Kanal- FETs). Im Schaltsymbol wird dann der Pfeil umgedreht und die Sperrung des Kanals erfolgt durch eine positive Spannung zwischen Gate und Source.

Die bisher vorgestellten FETs nennt man auch „Junction"-FETs (JFETs), da sie am Gate über einen pn-Übergang (=Junction) verfügen. Im nächsten Kapitel werden wir andere Arten von FETs kennenlernen, bei denen kein pn-Übergang am Gate vorhanden ist.

2.6.2 **MOSFETs**

Diese Klasse von FETs wird auch als IGFETs bezeichnet. Das bedeutet „Insulated Gate" Feld Effekt Transistor und deutet an, dass das Gate isoliert ist und somit keinen pn- Übergang mehr darstellt. Die alternative Bezeichnung ist MOSFET, wobei die Silbe „MOS" für Metal-Oxyde-Semiconductor" bedeutet und auf das Metalloxid als Isolator hinweist. Die Isolierung des Gates drückt sich auch im Schaltsymbol aus (siehe Bild 77). Auch bei dieser Sorte FET findet eine stromlose Steuerung statt.

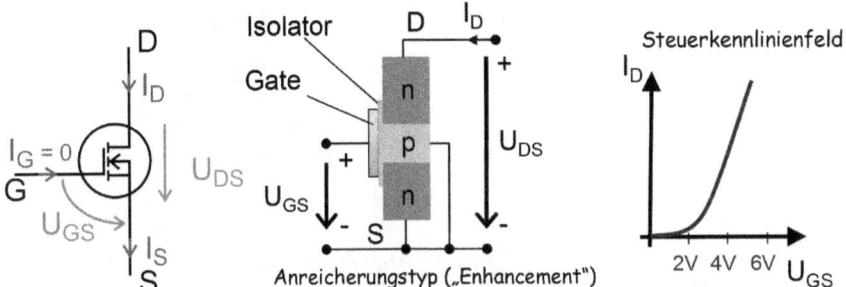

Bild 77: Schaltsymbol, Dotierungszonen und Kennlinie eines selbstsperrenden n-Kanal MOSFETs

Bei fehlender Gate-Sourcespannung ist der Transistor gesperrt (wie auch beim Bipolartransistor). Sobald eine ausreichende positive Spannung zwischen Gate und Source angelegt wird, werden Elektronen durch die positive Spannung in die Zone in der Nähe des isolierten Gates „gesaugt". Damit wird diese Zone, die nur schwach p-dotiert ist, mit n-Ladungsträgern angereichert und es entsteht ein leitfäiger n-Kanal.

Das sich ergebende Ausgangskennlinienfeld ist in Bild 78 dargestellt.

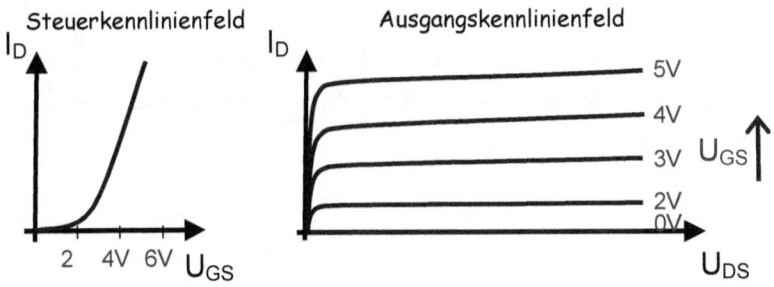

Bild 78: Steuerkennlinie und Ausgangskennlinienfeld eines selbstsperrenden n-Kanal MOSFETs

Bei einem selbstleitenden n-Kanal MOSET ist eine Zone in der Nähe des isolierten Gate-Anschlusses schwach n-dotiert (Bild 79). Somit kann Strom durch den n-Kanal fließen, solange keine Spannung am Gate anliegt. Legt man eine negative Spannung an, so werden p-Ladungsträger in die Zone nahe dem Gate-Anschluss gesaugt, der n-Kanal „verarmt" an n-Ladungsträgern, bis der Transistor schließlich sperrt.

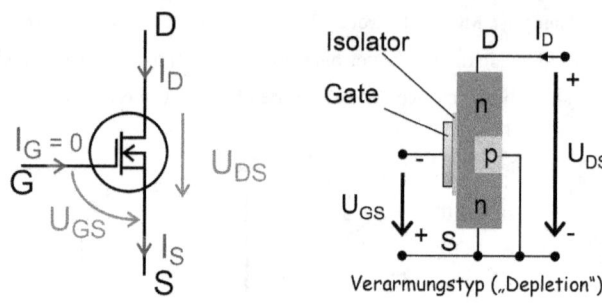

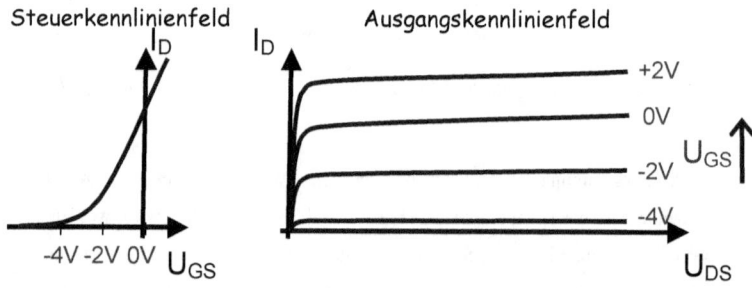

Bild 79: Schaltsymbol, Dotierungszonen und Kennlinien eines selbstleitenden n-Kanal MOS-FETs

Bild 80 zeigt eine Ausführungsform mit umgekehrter Dotierung, einen selbstsperrenden p-Kanal MOSFET. Dabei ist die Polarität der Anschlüsse bzw. der Kennlinien gegenüber der n-Kanal Ausführung vertauscht.

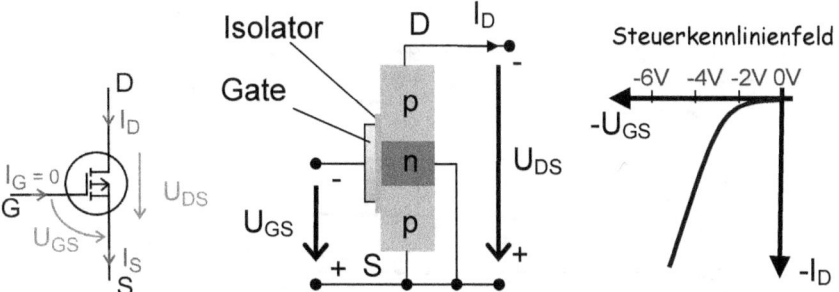

Bild 80: Schaltsymbol, Dotierungszonen und Kennlinie eines selbstsperrenden p-Kanal MOSFETs

Auch bei den p-Kanaltypen gibt es selbstverständlich eine selbstleitende Ausführungsform (Bild 81).

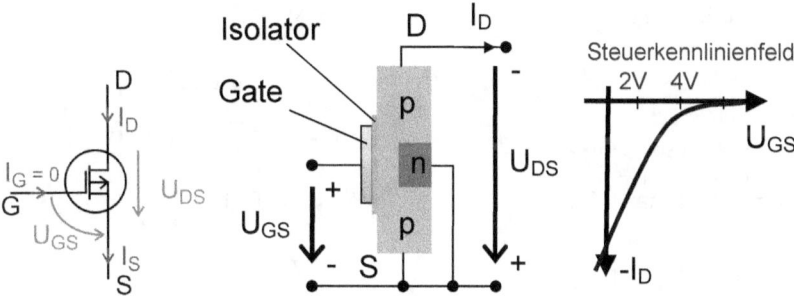

Bild 81: Schaltsymbol, Dotierungszonen und Kennlinie eines selbstleitenden p-Kanal MOS-FETs

Einen Überblick über die Kennlinien von p-Kanal und n-Kanal JFETs und MOSFETs (selbstleitend und selbstsperrend) gibt die Grafik im Anhang 0 auf Seite 135 wieder.

Power MOSFETs

Selbstsperrende MOSFET- Transistoren werden auch gerne als Schalttransistoren für höhere Leistungen verwendet. Dabei ist eine stromlose und somit praktisch leistungslose Ansteuerung der Halbleiter auch bei hohen Ausgangsleistungen möglich. Solche Power-MOSFETs werden oft durch ihre maximale Sperrspannung, ihren maximalen Durchlassstrom und den „Einschaltwiderstand" des Kanals zwischen Drain und Source R_{DSOn} gekennzeichnet, der im mΩ-Bereich liegt.

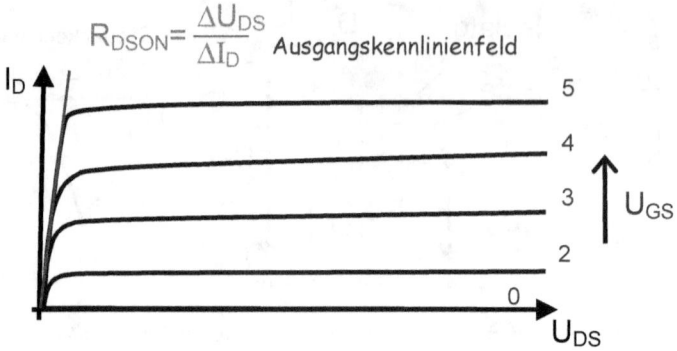

Bild 82: Ermittlung des Einschaltwiderstandes R_{DSOn} eines selbstsperrenden n-Kanal MOS-FETs

Bild 83 zeigt ein Beispiel für eine Ausführungsform eines Power-MOSFETs

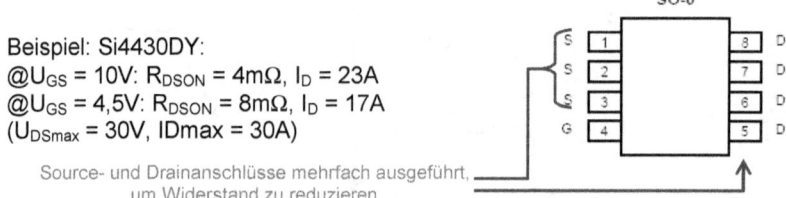

Bild 83: Als SMD-Bauteil verfügbare praktische Ausführungsform eines Power-MOSFETs mit Angabe der charakteristischen Werte

Insbesondere bei der Verwendung von MOSFETs als Schalter ist die Anordnung des Verbrauchers überlegenswert. Der Verbraucher kann bei Verwendung der meistens genutzten selbstsperrenden n-Kanal MOSFETs zum Zwecke einer besonders einfachen Ansteuerung von der positiven Versorgungsspannung zum Drainanschluss des Transistors geschaltet werden (Bild 84 links). Diese Anordnung wird auch als „Low-Side-Switch" bezeichnet, da die negative Versorgung üblicherweise unten und die positive Versorgung oben im Bild dargestellt wird und bei dieser Anordnung der Transistorschalter („switch") demnach unterhalb des Verbrauchers gezeichnet wird.

Der Vorteil dieser Low-Side-Switch Anordnung besteht darin, dass die erforderliche Spannung von 4-5V, die zum Aufsteuern des Transistors zwischen Gate und Source erforderlich ist, leicht bereitgestellt werden kann, da der Source- Anschluss auf Masse liegt.

G. Schmitz: Elektronik für Ingenieurstudenten   © Copyright 2015

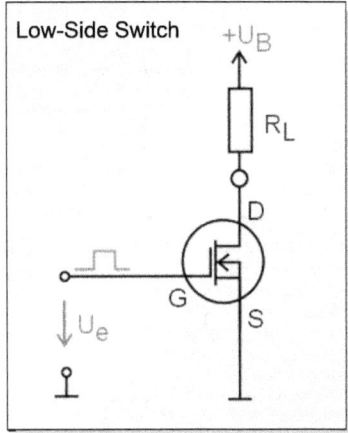
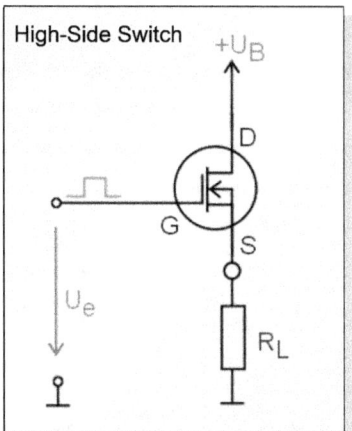

Vorteil:

- Einfache Ansteuerung des Transistors möglich

Vorteil:

- Nur eine Leitung zum Verbraucher, Rückleitung über Masse

Aber:

- Eingangsspannung muss ca. 4-5V über U_B liegen, ansonsten zu große Verluste

Bild 84: High-Side Switch und Low-Side Switch

Wird dagegen der Transistor mit dem Drain- Anschluss an die positive Versorgung gelegt, so kann der der Verbraucher nur dann mit der vollen Versorgungsspannung versorgt werden, wenn das Gate mit einer um 4-5V höheren Spannung angesteuert wird (High-Side-Switch, im Bild 84 rechts dargestellt). Die Vorteile dieser Schaltung liegen aber darin, dass z.B. im Kfz-Bereich nur eine Leitung zum Verbraucher gelegt werden muss, während die Rückleitung über das Chassis erfolgen kann, das auf Masse liegt (negativer Pol der Batterie).

Aufgrund dieses Vorteiles wird diese Anordnung trotz des Nachteiles der erforderlichen höheren Spannung häufig verwendet. Da die Ansteuerung des MOSFETs praktisch stromlos erfolgen kann, lässt sich eine höhere Spannung einigermaßen einfach realisieren. In fertig integrierten, sogenannten „Smart Power MOSFETs" wird zur Erzeugung der höheren Spannung eine „Ladungspumpe" (Charge Pump) eingesetzt. Da das Gate zur Aufsteuerung des Transistors nur auf die höhere Spannung „aufgeladen" werden muss, ohne dass zum Offenhalten ein Gatestrom fließen muss, reichen wenige Ladungsträger schon, um diese Spannung zu realisieren.

Einfache Smart-Power MOSFETs enthalten fast nur die Ladungspumpe zusätzlich zum eigentlichen MOSFET. Vielfach wird aber auch deutlich mehr Funktionalität mit in das IC integriert. Bild 85 zeigt ein solches Beispiel für einen derartiges Bauelement. Im Blockschaltbild lässt sich mittig die Ladungspumpe (Charge Pump) erkennen. Weiterhin sind Elemente zur Kurschlusserkennung, Leer-lauferkennung, Übertemperaturerkennung, Überspannungserkennung, Überstrombegrenzung sowie zur Rückmeldung von entsprechenden Fehlerzuständen am Statusausgang (Pin 4) erkennen. Auch ist schon gleich eine Überspannungsbegrenzung (Freilauf) für induktive Lasten ohne Freilauf (unclamped Loads) vorgesehen. Die Grenzdaten sowie die verfügbaren Gehäusebauformen sind ebenfalls in der Abbildung dargestellt.

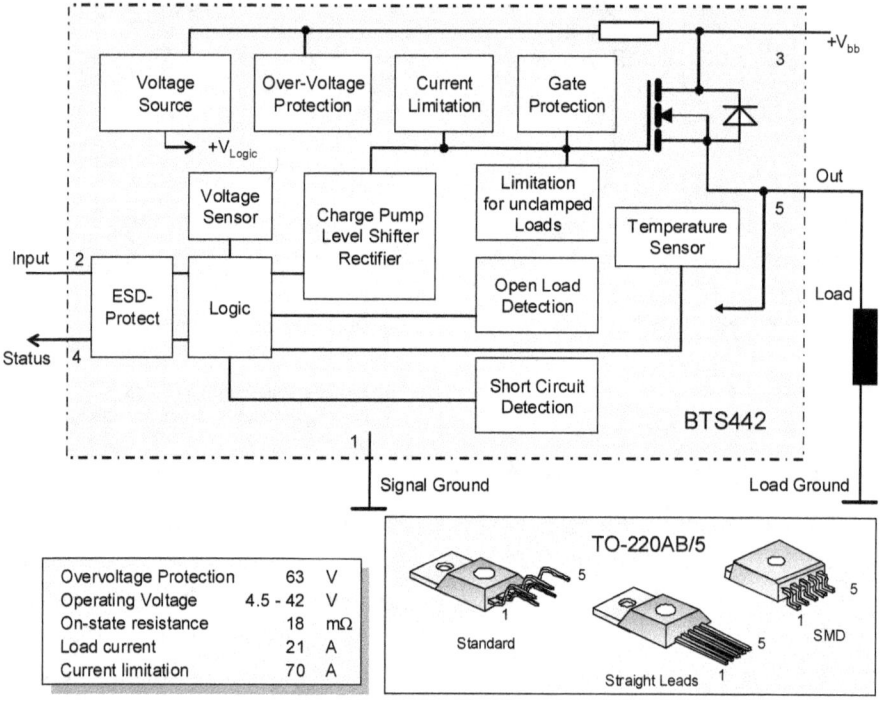

Bild 85: Smart Power MOSFET mit Diagnose, Beispiel BTS442

2.6.3 IGBTs

Einen Nachteil der FETs stellt die geringere Spannungsfestigkeit auf der Ausgangsseite dar. Die Vor-teile von Bipolartransistoren und FETs stellt der IGBT (Insulated Gate Biploar Transistor) dar. Die Eingangsseite wird von einem MOSFET gebildet und die Ausgangsseite von einem bipolaren Transis-tor. Hierdurch erhält man eine leistungslose Ansteuerung und eine hohe Spannungsfestigkeit. So gibt es z.B. Typen mit Spannungsfestigkeiten von 1700V bei einem Maximalstrom von 800A.

G. Schmitz: Elektronik für Ingenieurstudenten   © Copyright 2015

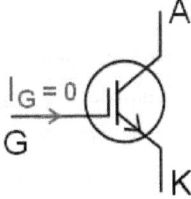

Bild 86: IGBT: Kombination von MOSFET und Bipolartransistor

Das Schaltsymbol (Bild 86) besteht auch aus einer Kombination der beiden Symbole von MOSFET und Bipolartransistor. Die Anschlüsse werden allerdings mit Gate (G), Anode (A) und Kathode (K) bezeichnet.

2.6.4 Fototransistoren

Fototransistoren sind Bipolartransistoren, bei denen ein Lichteinfall auf den Kollektor-Basis pn-Übergang erfolgen kann. So kann ein Stromfluss von Kollektor zu Emitter durch Licht gesteuert werden, ohne dass ein Basisstrom vorhanden ist. Bei einigen Ausführungsformen wird auf die Herausführung eines Basisanschlusses verzichtet.

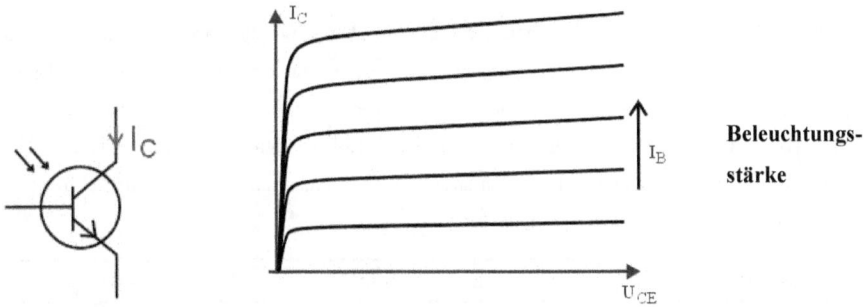

Bild 87: Fototransistor

Ein Fototransistor ist wesentlich lichtempfindlicher als eine Fotodiode, da der Fotostrom durch den Transistor wie ein Basisstrom verstärkt wird. Das Ausgangskennfeld des Transistors kann mit der Beleuchtungsstärke als Parameter aufgetragen werden (siehe Bild 87).

Optokoppler

Integriert man eine Leuchtdiode und einen Fototransistor in ein Gehäuse (Bild 88), so erhält man einen sogenannten „Optokoppler". Sobald ein ausreichender Strom durch die Leuchtdiode fließt, wird der Fototransistor aufgesteuert. Das Verhältnis des erzielbaren Stroms durch den Fototransistor IC und dem Diodenstrom ID wird mit dem Buchstaben α bezeichnet oder auch mit „CTR" (Current Transfer Ratio). Es liegt bei normalen Optokopplern zwischen 10% und 300%, typischerweise bei 30-100%.

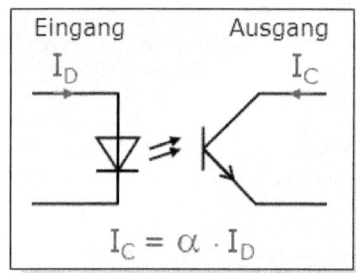 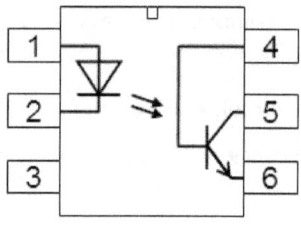

Bild 88: Optokoppler, Prinzip und Beispiel für Ausführungsform

Bei der Verwendung von Darlingtontransistoren erreicht man um die 1000%. Es gibt auch aktive Optokoppler, bei denen auf der Ausgangsseite noch eine Verstärkerstufe folgt. Dabei liegt dann der Stromübertragungsfaktor noch höher. Die Grenzfrequenzen liegen bei normalen Optokopplern bei ca. 300kHz, bei Darlingtonausführungen nur bei ca. 30kHz. Höhere Grenzfrequenzen von um die 10MHz erreicht man mit Optokopplern, bei denen anstelle des Fototransistors eine Fotodiode eingebaut ist. Dabei beträgt das CTR jedoch nur um die 0,1%.

Ausgangsseite	CTR	Grenzfrequenz
Fototransistor	10% - 300%	ca. 300kHz
Fototransistor, Darlington	100% - 1000%	ca. 30kHz
Fotodiode	0,1%	ca. 10 MHz

Tabelle 1: Übertragungsverhalten diverser Optokoppler

Optokoppler werden verwendet, wenn eine Potentialtrennung erforderlich ist („galvanische" Trennung). Die Spannungsfestigkeit zwischen Eingang und Ausgang liegt üblicherweise bei über 1000V und kann auch Werte von einigen kV erreichen.

Selbst wenn Eingang und Ausgang auf gleichem Spannungsniveau liegen, werden Optokoppler häufig verwendet, um sogenannte „Masseschleifen" zu unterbrechen und eine störungsfreie Signalübertragung zu ermöglichen.

2.6.5 Thyristoren und Triacs

Nun sollen abschließend noch wietere diskrete Halbleiter behandelt werden, die mehr als drei Dotierungszonen aufweisen. Sie weisen einen Vierschichtaufbau auf (Bild 89).

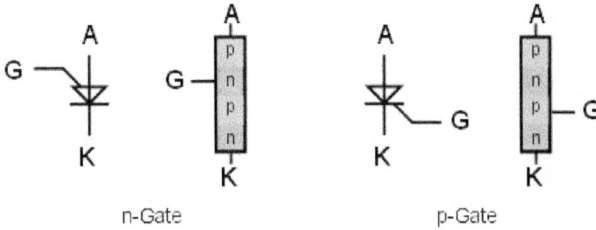

Bild 89: Thyristoren

Die Funktionsweise eines Thyristors ist die eines Schalters mit zwei stabilen Zuständen: ein oder aus. Durch einen (kurzen) Impuls am Gate (G) kann der Thyristor eingeschaltet werden und er schaltet wieder ab, sobald kein Strom mehr von Anode (A) zu Kathode (K) fließt. Man könnte denken, dies sei unpraktisch, aber für Wechselspannungsanwendungen ist das Abschalten unproblematisch, da im Nulldurchgang der Sinuskurve der Stromfluss sowieso immer wieder zu Null wird.

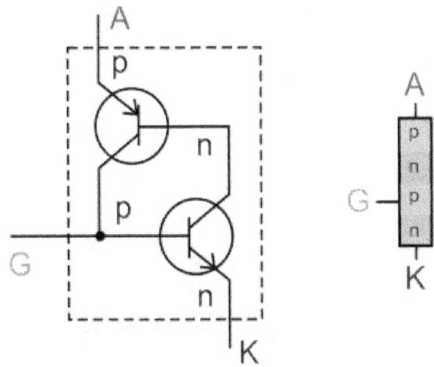

Bild 90: Thyristor als Transistormodell

Die Funktionsweise des Thyristor wird klarer, wenn man sich den Thyristor als Zusammenschaltung eines pnp- und eines npn-Transistors vorstellt (Bild 90). Sobald der untere Transistor über den Gate-Anschluss angesteurt wird, steuert er seinerseits den oberen Transistor auf. Dieser wiederum sorgt dafür, dass der untere aufgesteuert bleibt.

Will man Wechseltröme in beiden Stromrichtungen passieren lassen benötigt man zwei antiparallel geschaltete Thyristoren, da jeder Thyristor den Strom immer nur in eine Richtung (von Anode zu Kathode) fließen lässt.

Derartige Bauelemente gibt es bereits in einer Halbleiterstruktur zusammengefasst, dem sogenannten Triac (Bild 91).

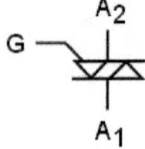

Bild 91: Triac

Durch eine spezielle Dotierungsstruktur kann hierbei auch die Ansteuerung für beide Richtungen über einen einzigen Gate- Anschluss erfolgen.

Triacs werden in „Phasenanschnittssteuerungen" eingesetzt, die eine nahezu verlustlose Leistungs-steuerung von Wechselstromverbrauchern ermöglichen (Dimmer, Motordrehzahlregelungen).

3 Operationsverstärker

3.1 Idealer Operationsverstärker

Der Operationsverstärker (Abkürzung OPV oder einfach OP, englisch OpAmp) hat seinen Namen aus der Zeit elektronischer Analogrechner. Der Name stammt von einem seiner ersten Einsatzgebiete, mit ihm wurden mathematische Berechnungen (so genannte "Operationen") ausgeführt.

Er besteht aus einer Zusammenschaltung mehrerer Transistoren, verfügt meist über einen Differenzeingang und zeichnet sich durch eine sehr hohe Verstärkung aus.

Durch sehr einfache externe Beschaltungen lassen sich OPs für sehr viele unterschiedliche Anwendungen einsetzen. So können über einfache Gleich- und Wechselspannungsverstärker hinaus auch Integratoren, Differenziatoren, Summierer, PID-Glieder in Regelkreisen, Schwellwertschalter, Strom/Spannungswandler, Oszillatoren und vieles andere mehr realisieren.

Das Symbol des OP ist ein Dreieck, das an der Spitze den Ausgangsanschluss hat und dessen Eingänge auf der breiten Seite angeordnet sind (siehe Bild 92). Heutige OPs verfügen praktisch alle über Differenzeingänge, d.h. es gibt einen invertierenden und einen nichtinvertierenden Eingang.

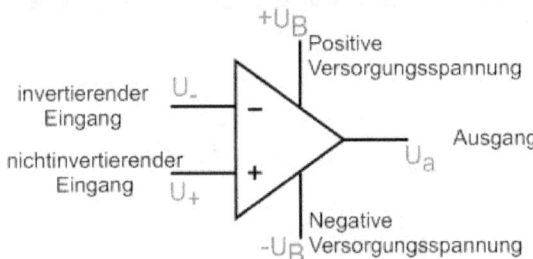

Bild 92: Übliches Schaltsymbol eines Operationsverstärkers

Das normgerechte Symbol, das jedoch derzeit kaum verwendet wird, ist in Bild 93 dargestellt.

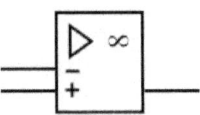

Bild 93: Normgerechtes, aber ungebräuchliches Schaltsymbol eines (idealen) Operationsverstärkers nach DIN EN 60 617 (IEC 617-13) Symbol Nr. 13-09-01

Der Operationsverstärker verfügt über eine sehr hohe Verstärkung, meist in der Größenordnung von über 10^5. Aus diesem Grund kann idealerweise von einer unendlich großen Verstärkung ausgegangen werden. Definiert ist diese Leerlaufverstärkung bei einem Differenzverstärker als Verhältnis von Ausgangsspannung zur Differenz der Eingangsspannungen, also:

$$v = \frac{U_a}{U_+ - U_-} \quad \text{mit} \quad \boxed{v \to \infty}$$

Der Eingangswiderstand der Operationsverstärker ist meist sehr hochohmig (im Bereich von $10^4\Omega$ bis zu mehr als $10^{12}\Omega$ bei FET-Eingangsstufen)

Somit lässt sich eine weitere Idealisierung einführen:

$$\boxed{R_e \to \infty}$$

Diese Vereinfachung ermöglicht es uns, die OP-Grundschaltungen leicht zu verstehen.

3.2   Invertierender Verstärker

Eine unendlich hohe Verstärkung erscheint zunächst als unpraktisch. Aber gerade hierdurch sind auch lineare Verstärker mit kleinen Verstärkungen sehr einfach zu realisieren. Hierzu baut man eine Gegenkopplung ein, d.h. eine Rückführung vom Ausgang auf den invertierenden Eingang (siehe Bild 94).

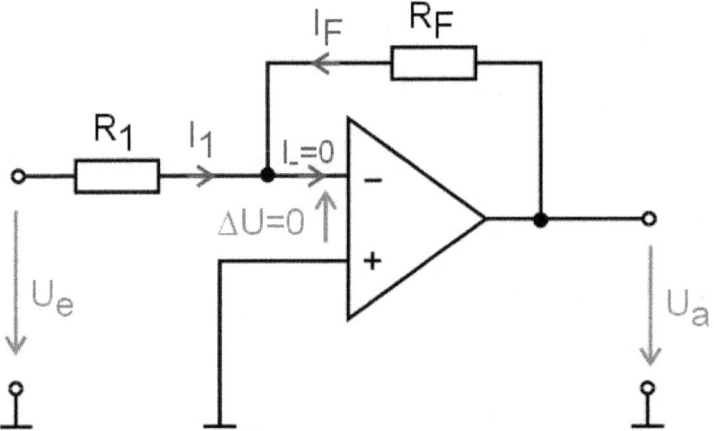

Bild 94: Invertierender Verstärker

Zur Analyse machen wir uns die hohe Verstärkung zu Nutze und schlussfolgern daraus, dass wenn wir einen linearen Verstärker aufbauen, muss bei endlicher Ausgangsspannung die Eingangsspannung ΔU gegen Null gehen, denn es gilt ja:

G. Schmitz: Elektronik für Ingenieurstudenten   © Copyright 2015

$$v = \frac{U_a}{U_+ - U_-} = \frac{U_a}{\Delta U} \to \infty \quad \Rightarrow \quad \Delta U = \frac{U_a}{v} \to 0$$

Somit liegt der invertierende („negative") Eingang also auf dem selben Potential (der selben „Spannungsdifferenz zu Masse") wie der nichtinvertierende („positive") Eingang, in diesem Fall also auf Masse.

Dann können wir den Strom durch den Widerstand R_1 berechnen, an dem ja dann die volle Spannung U_e abfällt:

$$I_1 = \frac{U_e}{R_1}$$

Mit der gleichen Überlegung kann der Strom durch den Rückführwiderstand (Feedbackwiderstand) R_F berechnet werden zu:

$$I_F = \frac{U_a}{R_F}$$

Als nächstes nutzen wir nun die Tatsache, dass der Eingangsstrom I. aufgrund der Hochohmigkeit der Eingänge gleich Null ist. Somit ergibt sich gemäß der Knotenregel:

$$I_F + I_1 = I_- = 0 \quad \Rightarrow \quad I_F = -I_1$$

Setzen wir nun die vorhin gefunden Gleichungen für die einzelnen Ströme ein, so ergibt sich:

$$I_F = \frac{U_a}{R_F} = -\frac{U_e}{R_1} = -I_1$$

Aufgelöst nach U_a ergibt sich somit für die Ausgangsspannung:

$$U_a = -\frac{R_F}{R_1} \cdot U_e$$

Es ergibt sich also eine invertierende Verstärkung mit einem Faktor, der dem Widerstandsverhältnis von Rückführ- zu Eingangswiderstand entspricht. So kann sehr einfach ein invertierender Verstärker aufgebaut und den Anforderungen entsprechend dimensioniert werden.

3.3 Differenzverstärker

Bei dem Differenzverstärker wird sowohl der invertierende als auch der nichtinvertierende Eingang benutzt.

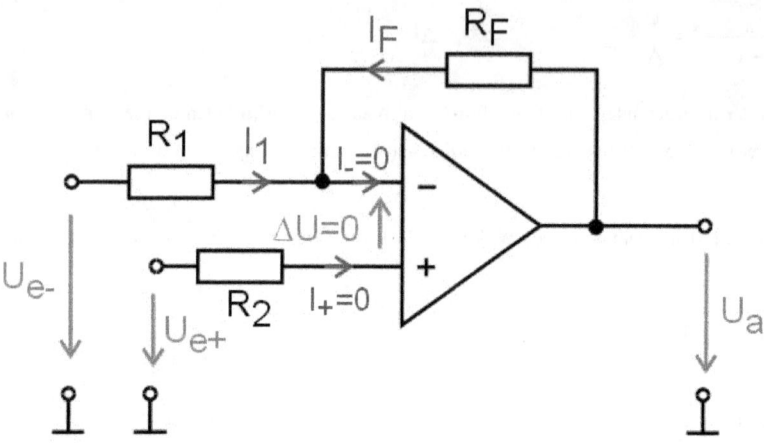

Bild 95: Differenzverstärker

Die Analyse der Schaltung (Bild 95) beruht auf den gleichen Voraussetzungen wie beim invertierenden Verstärker, hier kommt zusätzlich die Bedingung dazu, dass auch I_+ wegen der hochohmigen Eingänge gleich Null ist. Somit fließt durch R2 kein Strom und es gibt keinen Spannungsabfall am Widerstand R_2. Also ist die Eingangsspannung U_+ (die Spannung direkt am pos. Eingang des OP) genau gleich U_{e+}. Wegen $\Delta U = 0$ ist auch U- gleich U_{e+}. Die Spannung am Widerstand R_1 ist demnach die Differenz von U_{e-} und U_{e+}. Es ergibt sich dann für den Strom I_1:

$$I_1 = \frac{U_{e-} - U_{e+}}{R_1} = \frac{U_{e-}}{R_1} - \frac{U_{e+}}{R_1}$$

Mit der gleichen Überlegung ergibt sich für den Rückführstrom I_F:

$$I_F = \frac{U_a - U_{e+}}{R_F} = \frac{U_a}{R_F} - \frac{U_{e+}}{R_F}$$

Werden nun beide Ströme genau wie beim invertierenden Verstärker als negativ gleich zueinander gesetzt, so ergibt sich die Formel für die Ausgangsspannung U_a wie folgt:

$$I_F = \frac{U_a}{R_F} - \frac{U_{e+}}{R_F} = -I_1 = \frac{U_{e+}}{R_1} - \frac{U_{e-}}{R_1}$$

$$\Rightarrow U_a = R_F \cdot \left(\frac{U_{e+}}{R_1} - \frac{U_{e-}}{R_1} + \frac{U_{e+}}{R_F} \right) = U_{e+} \left(\frac{R_F}{R_1} + \frac{R_F}{R_F} \right) - U_{e-} \cdot \frac{R_F}{R_1}$$

G. Schmitz: Elektronik für Ingenieurstudenten   © Copyright 2015

$$\Rightarrow U_a = U_{e+}\left(\frac{R_F}{R_1} + 1\right) - U_{e-} \cdot \frac{R_F}{R_1}$$

Wir sehen, dass die Formel für den invertierenden Eingang praktisch so bleibt wie vorher, es muss nur die Eingangsspannung Ue+ zu Null gesetzt werden. Die Spannung am Ue+-Eingang wird um den Faktor 1 höher verstärkt. Außerdem fällt auf, dass der Widerstand R2 keine Rolle spielt!

3.4 Nichtinvertierender Verstärker

Aus der Formel für den Differenzverstärker können wir nun natürlich auch die Formel für einen nichtinvertierenden Verstärker (Bild 96) ableiten. Hierzu wird einfach der invertierende Eingang an Masse, also 0V angelegt. Dann ergibt sich für die Ausgangsspannung:

$$U_a = U_{e+}\left(\frac{R_F}{R_1} + 1\right) - 0 \cdot \frac{R_F}{R_1}$$

$$\Rightarrow U_a = U_{e+}\left(\frac{R_F}{R_1} + 1\right)$$

Natürlich kann man sich die Formel für den nichtinvertierenden Verstärker auch aus einer anderen Überlegung herleiten:

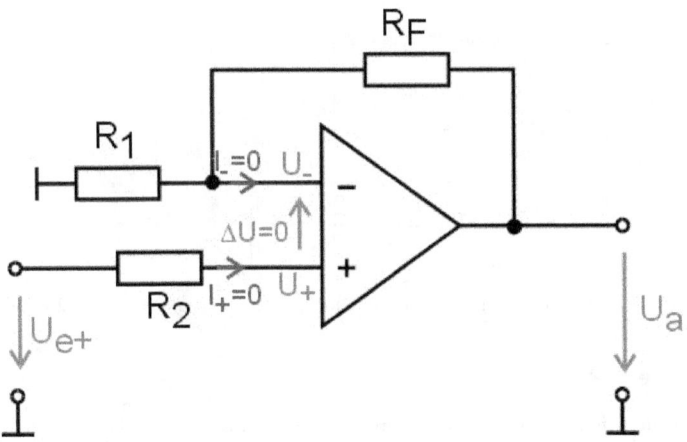

Bild 96: Nichtinvertierender Verstärker

Wir gehen zunächst davon aus, dass am Ausgang beim Einschalten eine Spannung von 0 Volt herrscht. Die Widerstände R_1 und R_F bilden einen Spannungsteiler, der wegen $L = 0$ als idealer, also unbelasteter Spannungsteiler berechnet werden kann. Somit gilt also für die Spannung U_-:

$$U_- = U_a \frac{R_1}{R_F + R_1}$$

Legt man nun eine positive Spannung an U_{e+} an (z.B. 1V), so liegt auch genau dieselbe Spannung als U_+ am nichtinvertierenden Eingang des OP, da ja wegen $I_+ = 0$ am Widerstand R_2 kein Spannungsabfall vorliegt. Es ergibt sich als Eingangsspannung des Differenzverstärkers $\Delta U = U_+ - U_-$, für unser Beispiel von 1V als Eingangsspannung demgemäß auch ein ΔU von 1V. Diese Spannung würde nun unendlich hoch verstärkt und am Ausgang würde die Spannung ins Unendliche ansteigen. Allerdings würde dies ja auch zu einer Erhöhung der Spannung U- (über den Spannungsteiler) führen. Dies kann wiederum nicht geschehen, da ja dann U- größer würde als U+. Dann müsste sich aber eine negative Ausgangsspannung einstellen. Wir können uns also überlegen, dass offensichtlich sich ein Gleichgewicht einstellt, wenn die Spannung U- gerade genau so groß wird wie U+. Wenn wir diese beiden Spannungen gleichsetzen, so ergibt sich nach Einsetzen des oben gefundenen Zusammenhangs zwischen der Ausgangsspannung und U_- (Spannungsteilerregel):

$$U_{e+} = U_+ = U_- = U_a \frac{R_1}{R_F + R_1}$$

Wenn wir nun die Gleichung nach U_a auflösen ergibt sich:

$$U_a = U_{e+}\left(\frac{R_F + R_1}{R_1}\right)$$

$$\Rightarrow U_a = U_{e+}\left(\frac{R_F}{R_1} + 1\right)$$

Es ergibt sich also die selbe Formel wie weiter oben schon aus der allgemeinen Formel abgeleitet.

3.5   Belasteter OP

An den Ausgang des OP wollen wir normalerweise etwas anschließen. Wir symbolisieren dies durch einen externen Lastwiderstand R_L (Bild 97). Was ändert sich dann an den Gleichungen für den OP?

G. Schmitz: Elektronik für Ingenieurstudenten © Copyright 2015

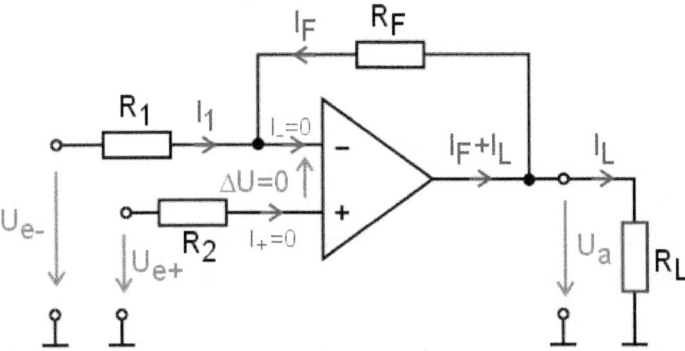

Bild 97: Belasteter OP

Der Rückführstrom IF wird genau wie bisher aus der Spannung U_a berechnet. Zwar fließt nun ein zusätzlicher Laststrom IL, der sich am Ausgangspin des OP zu dem Rückführstrom addiert. Es ändert sich jedoch nichts an den in den vorigen Kapiteln hergeleiteten Berechnungen zwischen Ausgangs- und Eingangsspannung. Die Formeln gelten also auch im belasteten Fall! Hieraus können wir schluss- folgern, dass die Spannung am Ausgang des OP nicht von dem Lastwiderstand bzw. dem Laststrom I_L abhängt. Betrachten wir eine OP-Verstärkerschaltung als gesteuerte Spannungsquelle, deren Aus- gangsspannung einfach über einen Faktor mit der Eingangsspannung verknüpft ist, können wir nun etwas zum Innenwiderstand der so entstandenen gesteuerten Spannungsquelle sagen. Wenn die Span- nung unabhängig von der Belastung der Quelle ist, so ist der Innenwiderstand der Quelle gleich Null! Wir sprechen dann auch davon, dass der Ausgangswiderstand einer derartigen OP-Schaltung gleich Null ist!

Wir wollen eine weitere Überlegung hierzu anstellen. Wird nun in die Ausgangsleitung des OP vor der Rückführung ein weiterer Widerstand eingefügt (in Bild 98 mit R_3 bezeichnet), so ändern sich die Gleichungen immer noch nicht.

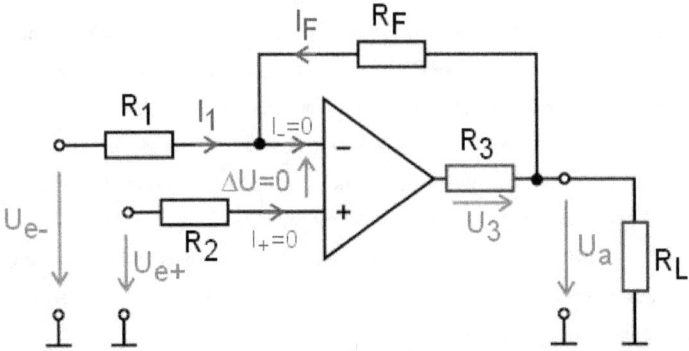

Bild 98: Belasteter OP mit Serienwiderstand im Ausgang

Zwar entsteht ein zusätzlicher Spannungsabfall U_3, aber die Gleichungen bezüglich U_a bleiben genau gleich. Der Spannungsabfall U_3 ergibt sich zu:

$$U_3 = R_3 \cdot (I_F + I_L)$$

Hierdurch ergibt sich eine umso stärkere Einengung des Ausgangsspannungsbereiches, je größer der Laststrom ist. Der Ausgang des OP kann ja maximal die angelegte Betriebsspannung U_B liefern (oder sogar weniger). Die Spannung U_a kann somit maximal U_B - U_3 werden.

Hinweis: Die OPs können in der Praxis natürlich auch keine beliebig hohen Ströme liefern. Insofern ergibt sich hieraus natürlich eine Begrenzung des maximalen Ausgangstromes. Innerhalb der Grenzen bezüglich der max. Ströme und Spannungen gelten auch bei Belastung die ursprünglichen Formeln.

Wollen wir einen höheren Strom aus dem OP entnehmen, so kann uns ein nachgeschalteter Transistor dabei helfen.

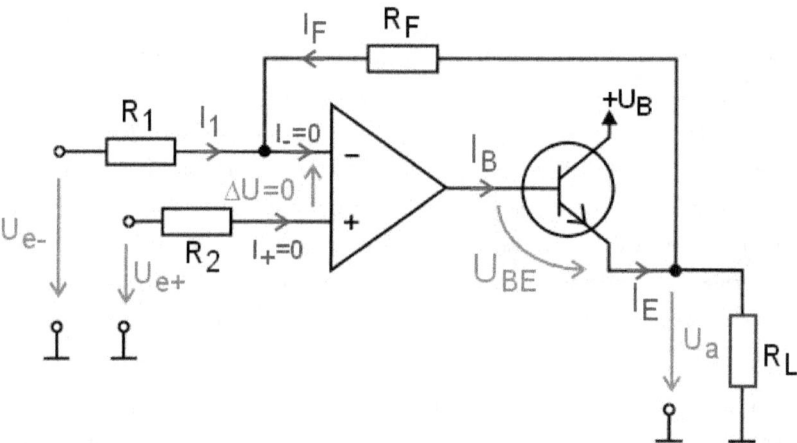

Bild 99: OP mit Transistorschaltung im Ausgang

Wenn wir beachten, dass auch hier wieder die Ausgangsspannung U_a über den Widerstand R_F zurückgeführt wird, erkennen wir, dass sich die Gleichungen bezüglich der Ausgangsspannung U_a nicht ändern. Lediglich muss sichergestellt sein, dass der Ausgang des OP mindestens $U_{BE}=0{,}7V$ mehr Spannung liefern kann, als am Ausgang verlangt wird. Der mögliche Ausgangsstrom ist gegenüber einer Schaltung ohne Transistor deutlich erhöht, da lediglich der Basisstrom I_B vom OP aufgebracht werden muss, und ein um etwa den Faktor der Stromverstärkung B höherer Emitterstrom I_E am Ausgang der Schaltung für den Lastwiderstand zur Verfügung steht. Allerdings können mit einer derartigen Schaltung keine negativen Spannungen am Ausgang der Schaltung realisiert werden (solange der Lastwiderstand RL gegen Masse geschaltet ist).

G. Schmitz: Elektronik für Ingenieurstudenten © Copyright 2015

3.6　Impedanzwandler

Wird der Ausgang ohne einen weiteren Widerstand direkt an den invertierenden Eingang zurückgeführt (siehe Bild 100), so ergibt sich ein sogenannter Impedanzwandler.

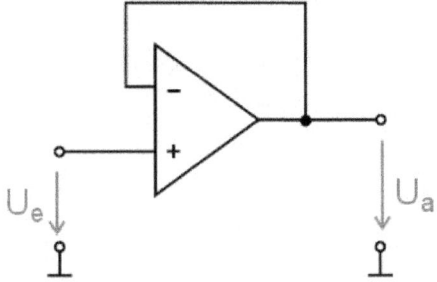

Bild 100: Schaltung des OP als Impedanzwandler

Der Zusammenhang zwischen Eingangs- und Ausgangsspannung kann durch direkte Auswertung der Maschengleichungen abgeleitet werden, wenn man wiederum davon ausgeht, dass die Eingangsspannungsdifferenz zu Null wird. Dann muss die Ausgangsspannung gleich der Eingangsspannung sein:

$$U_a = U_e$$

Man kann zu diesem Ergebnis auch kommen, indem man in der allgemeinen Gleichung für den Differenzverstärker den Widerstandswert für R_F zu Null setzt und den Wert von R_1 zu unendlich.

Der Sinn einer derartigen Schaltung liegt in dem sehr hohen Eingangswiderstand und dem sehr geringen Ausgangswiderstand. Komplexe Widerstände werden auch als Impedanzen bezeichnet. Somit erklärt sich also die Bezeichnung "Impedanzwandler".

Anwendung: Schaltet man einen derartigen Impedanzwandler hinter einen (evtl. frequenzabhängigen) Spannungsteiler, so belastet der Impedanzwandler den Spannungsteiler nicht und verfälscht nicht dessen Charakteristik.

Hinweis: An dem Impedanzwandler wird auch wieder deutlich, dass bei Rückführung des Ausgangs auf den invertierenden Eingang die Eingangsspannungsdifferenz quasi zu Null "geregelt" wird.

3.7　OP als Schwellwertschalter

In der Anwendung eines OPs als Vergleicher wird die hohe Verstärkung des Operationsverstärkers genutzt.

Bei dem Auftreten einer Spannungsdifferenz zwischen den beiden Eingängen, nimmt die Ausgangsspannung je nach Polarität der Spannungsdifferenz entweder einen hohen psitiven oder einen hohen negativen Wert an. Diese Spannung liegt jeweils in der Nähe der Betriebsspanung und kann häufig als gleich der jeweiligen Betriebsspannung angennommen werden. Es gibt spezielle OP-Typen, deren Ausgangsspannungbereich praktisch den gesamten Betriebsspannungsbereich überdeckt. Solche OPs werden als "Rail to Rail" Typen bezeichnet.

Auf einen der OP-Eingänge können wir eine Referenzspannung geben, mit der die Spannung des anderen Eingangs verglichen wird. In dem folgenden Beispiel wollen wir die Referenzspannung über einen Spannungsteiler einstellbar machen (siehe Bild 101).

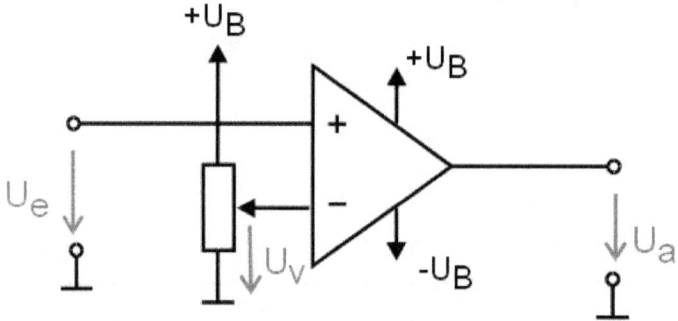

Bild 101: OP als nichtinvertierender Komparator (Schwellwertschalter)

Wegen der unendlich hohen Verstärkung gilt nun (da ΔU nicht mehr gleich Null ist), dass

Für $U_e > U_v$ gilt $U_a \to \infty$

bzw. durch die Begrenzung der Ausgangsspannung auf die Betriebsspannung: $U_a \to +U_B$

und

Für $U_e < U_v$ gilt $U_a \to -\infty$

bzw. durch die Begrenzung der Ausgangsspannung auf die Betriebsspannung: $U_a \to -U_B$

Wird der nichtinvertierende Eingang über einen Spannungsteiler angeschlossen, ergibt sich natürlich das umgekehrte Verhalten (siehe Bild 102):

G. Schmitz: Elektronik für Ingenieurstudenten   © Copyright 2015

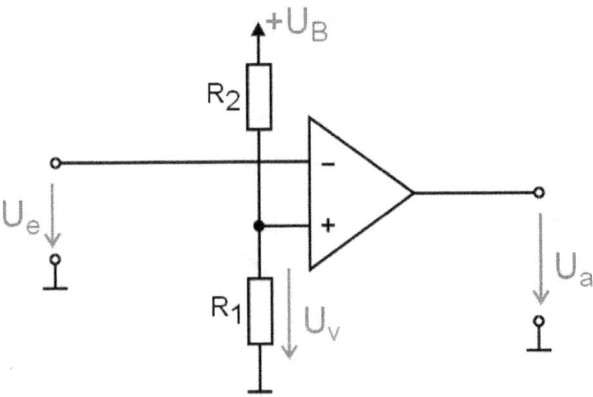

Bild 102: OP als invertierender Komparator (Schwellwertschalter)

Ist die Eingangsspannung U_e kleiner als die Vergleichsspannung U_v, so ist der Ausgang positiv (U_a ist dann ungefähr gleich der positiven Betriebsspannung). Ist die Eingangsspannung U_e größer als die Vergleichsspannung U_v, so ist der Ausgang negativ (U_a ist dann ungefähr gleich der negativen Betriebsspannung).

Für $U_e > U_v$ gilt $U_a \rightarrow -\infty$

bzw. durch die Begrenzung der Ausgangsspannung auf die Betriebsspannung: $U_a \rightarrow -U_B$

und

Für $U_e < U_v$ gilt $U_a \rightarrow \infty$

bzw. durch die Begrenzung der Ausgangsspannung auf die Betriebsspannung: $U_a \rightarrow +U_B$

Die Vergleichsspannung kann hierbei nun aus der am Spannungsteiler angelegten Versorgungsspannung und dem Widerstandverhältnis berechnet werden:

$$U_v = \frac{R_1}{R_1 + R_2} \cdot U_B = k \cdot U_B$$

3.8 Schmitt-Trigger

3.8.1 Invertierender Schmitt-Trigger

In diesem Kapitel werden wir sehen, was sich ändert, wenn wir den Spannungsteiler nicht an die Versorgungsspannung anschließen sondern an den Ausgang des OP (Bild 103).

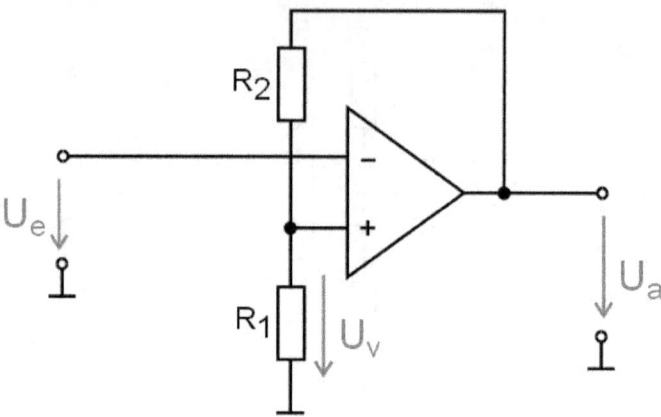

Bild 103: OP als hysteresebehafteter Komparator (Schmitt-Trigger)

Nun wird die Vergleichsspannung abhängig von der Ausgangsspannung:

$$U_v = \frac{R_1}{R_1 + R_2} \cdot U_a = k \cdot U_a$$

Es gibt also zwei Vergleichsspannungswerte:

Für $U_a = +U_B$ gilt: $U_v = +kU_B$

Und für $U_a = -U_B$ gilt: $U_v = -kU_B$

Es hängt also davon ab, von welcher Seite aus wir uns der Schaltschwelle nähern. Somit ergibt sich bei Änderung der Eingangsspannung von großen negativen Werten zu großen positiven Werten eine positive Vergleichsspannung und bei umgekehrter Richtung eine negative Vergleichsspannung. Zeichnet man den Verlauf der Ausgangsspannung über der Eingangsspannung ergibt sich somit eine Hystereseschleife gemäß Bild 104.

Diese Art Schaltung wird nach ihrem Erfinder Otto Schmitt (1934) als Schmitt-Trigger bezeichnet.

G. Schmitz: Elektronik für Ingenieurstudenten   © Copyright 2015

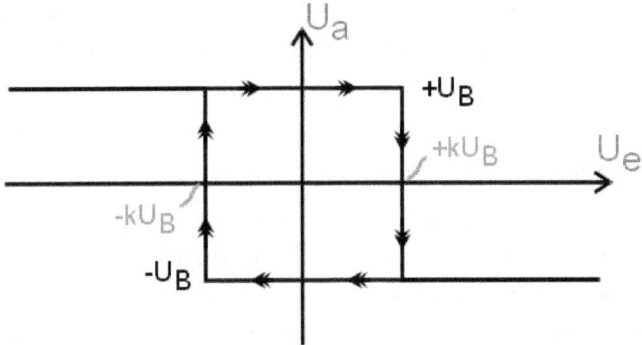

Bild 104: Hystereseschleife des Schmitt-Triggers

Die Funktionsweise wird klarer, wenn man beispielhaft einen dreiecksförmigen Eingangsspannungs-verlauf auf den invertierenden Eingang des Schmitt-Triggers gibt (Bild 105).

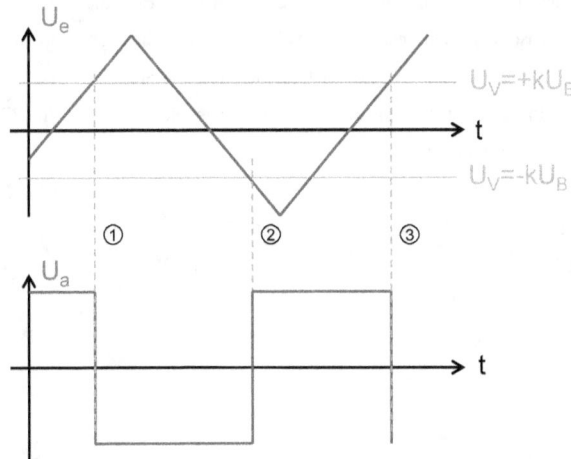

Bild 105: Beispiel für Funktion des Schmitt-Triggers bei dreiecksförmiger Eingangsspan-nung

Zunächst sei willkürlich angenommen, dass die Ausgangsspannung des Schmitt-Triggers auf der ma-ximal möglichen positiven Ausgangsspannung liegt. Dann liegt am nichtinvertierenden Eingang die positive Spannung $U_V = +kU_B$. Erst wenn die Eingangsspannung am invertierenden Eingang diese Spannung übersteigt ①, springt der Ausgangswert auf die maximal mögliche negative Spannung (wir erinnern uns daran, dass aufgrund der extrem hohen Verstärkung des OP schon eine kleine negative Spannungsdifferenz am Eingang zu der jeweils maximalen negativen Ausgangsspannung führt). Mit dem Negativwerden der Ausgangsspannung wird aber auch der Wert der Vergleichsspannung negativ:

$U_V = -kU_B$. Steigt die Eingangsspannung weiter, passiert nichts weiter. Sinkt die Eingangsspannung wieder, so muss sie die nunmehr negative Schaltschwelle erst unterschreiten, damit sich die Ausgangsspannung wieder ändert ②. Die Ausgangsspannung springt zu diesem Zeitpunkt wieder ins Positive und somit auch die Schaltschwelle U_V. Ein erneuter Schaltvorgang ergibt sich somit erst wieder bei neuerlichem Überschreiten dieser positiven Schaltschwelle ③.

Der Zweck einer derartigen Schaltung ist zunächst vielleicht nicht so offensichtlich. Denken wir aber z.B. an einen Schwellwertschalter, der bei einer Temperaturüberschreitung einen Lüfter einschalten soll, so kann man sich vorstellen, dass ein andauerndes Ein- und Ausschalten schon bei kleinsten Temperaturdifferenzen nicht sinnvoll sein kann. Die Schalthysterese ist ein probates Mittel, um ein derartiges Verhalten zu unterdrücken.

Eine weitere Anwendung ergibt sich bei der Auswertung von Signalen, die von Analogsensoren zur Verfügung gestellt werden, aber letztendlich nur eine digitale Ein-/Aus-Information liefern sollen. Bild 106 zeigt zunächst beispielhaft eine Schaltung, bei der mittels Komparator das Signal eines (induktiven) Drehzahlsensors in ein Digitalsignal umgewandelt wird. Bei einer rein sinusförmigen Ausgangsspannung des Sensors würden tatsächlich jeweils die Nulldurchgänge zum Umschalten des Ausgangssignals führen und man könnte in einer nachgeschalteten digitalen Auswerteschaltung die Periodendauer auswerten. In der Realität sind jedoch meist Störsignale überlagert. Im Bild ist dies durch das verrauschte Sinussignal verdeutlicht.

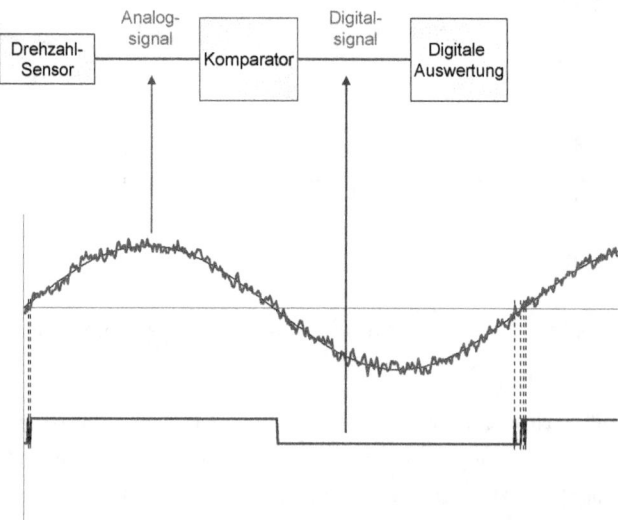

Bild 106: Auswertung eines Drehzahlsensorsignals mittels einfachem Komparator

G. Schmitz: Elektronik für Ingenieurstudenten   © Copyright 2015

Das digitalisierte Ausgangssignal weist dann in der Nähe der Nulldurchgänge des reinen Sinussignals weitere, zusätzliche Schaltvorgänge auf, weil das Störsignal tatsächlich zusätzliche Nulldurchgänge im Analogsignal verursacht. Die zusätzlichen Pegelwechsel des Digitalsignals führen dann bei der nachfolgenden Auswertung zu Fehlern.

Durch die Verwendung eines hysteresebehafteten Komparators, also eines Schmitt-Triggers lässt sich dies vermeiden (Bild 107).

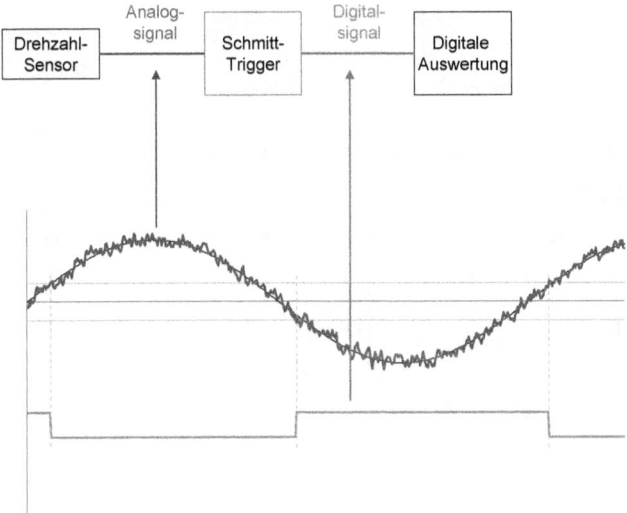

Bild 107: Auswertung eines Drehzahlsensorsignals mittels Schmitt-Triggers

Nach dem Überschreiten der oberen Schaltschwelle muss das Eingangssignal erst wieder deutlich negativer werden, ehe ein Zurückschalten des Ausgangs erfolgt.

Die Größe der Hysterese wird in einem solchen Fall ausgelegt auf das kleinste noch auszuwertende Nutzsignal, so dass man eine größtmögliche Toleranz gegenüber Störsignalen erhält.

3.8.2 Schmitt-Trigger mit Verschiebung der Triggerschwelle

Nicht bei allen Anwendungen ist eine symmetrische Lage der beiden Schaltschwellen gewünscht. Für diesen Fall besteht die Möglichkeit, eine zusätzliche Spannungskomponente auf den nichtinvertierenden Eingang zu bringen, die nicht dem Wechsel des Ausgangssignal unterworfen ist.

Es ergibt sich dann eine Schaltung nach Bild 108. Die Berechnung der Schaltschwellen wird nun etwas komplizierter. Am einfachsten ist die Anwendung des Überlagerungssatzes nach Helmholtz. Dabei ergeben sich zwei Teilspannungen, die zueinander addiert dann die Vergleichsspannung ergeben.

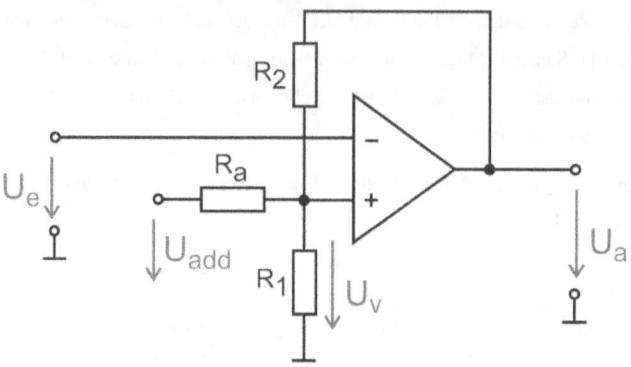

Bild 108: Schmitt-Trigger mit verschobener Triggerschwelle

Hierzu geht man jeweils davon aus, dass die Innenwiderstände der beteiligten Quellen vernachlässigbar klein sein gegenüber der in der Beschaltung verwendeten Widerstände. Setzt man dann jeweils die Spannungsteilerregel an, so erhält man:

$$U_V = U_a \cdot \frac{R_1 \,||\, R_a}{R_1 \,||\, R_a + R_2} + U_{add} \cdot \frac{R_1 \,||\, R_2}{R_1 \,||\, R_2 + R_a}$$

Als Beispiel für die Berechnung wollen wir mal annehmen, dass alle drei Widerstände gleich sind. Dann ergibt sich nach Kürzen:

$$U_V = \frac{1}{3} \cdot (U_a + U_{add})$$

Nehmen wir weiterhin beispielhaft Werte für die Ausgangsspannung und die zusätzlich eingespeiste Spannung U_{add} an:

$$U_a = \pm 15V, \; U_{add} = 9V \quad \Rightarrow \quad U_V = \pm 5V + 3V$$

Es ergeben sich dann hiermit die beiden Schaltschwellen:

$$\Rightarrow \quad \begin{aligned} U_{VH} &= \quad 8V \\ U_{VL} &= -2V \end{aligned}$$

Dies führt dann zu einem Verhalten der Schaltung wie es in Bild 109 dargestellt ist.

G. Schmitz: Elektronik für Ingenieurstudenten
© Copyright 2015

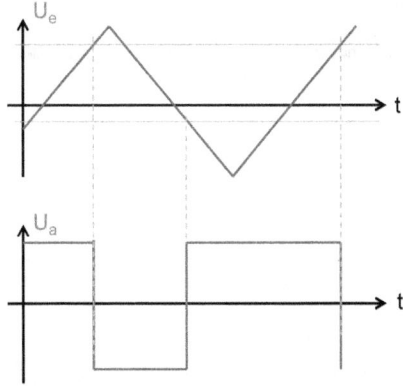

Bild 109: Beispiel für Funktion eines Schmitt-Triggers mit verschobenen Triggerschwellen

3.8.3 Schmitt-Trigger der Digitaltechnik

In der Digitaltechnik (siehe auch Kapitel 4) werden Schmitt-Trigger dazu verwendet, um aus Signalen mit nicht ganz eindeutigen „Null'-oder ‚Eins'-Pegeln digitalverträgliche Signale mit definierten Pegeln zu erzeugen. Dabei können an den Eingang auch Analogsignale angelegt werden. Die Schaltschwellen liegen beide im positiven Bereich. Bild 110 zeigt einen derartigen Schmitt-Trigger mit seiner Kennlinie. Häufig sind meherere Schmitt-Trigger (z.B. 6 Stück beim 74x14) in einem Gehäuse untergebracht und gemeinsam mit einer Versorgungsspannung (z.B. 5V) versorgt.

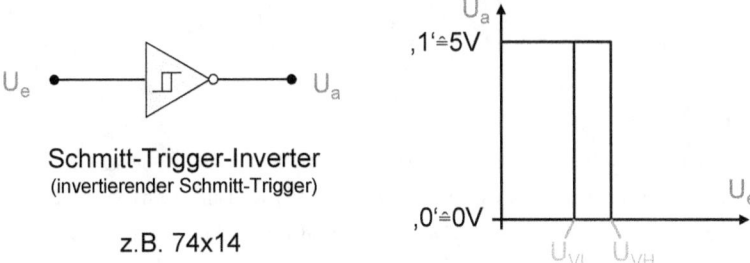

Bild 110: Schmitt-Trigger in der Digitaltechnik (z.B. 7414)

Neben der Anwendung zur Überführung von Spannungen in definierte Pegel, lassen sich invertierende Schmitt-Trigger auch sehr gut verwenden, um einfache Oszillatorschaltungen aufzubauen (siehe Kapitel 3.13.3 auf Seite 103).

3.8.4 Nichtinvertierender Schmitt-Trigger

Bei manchen Anwendungen benötigt man nicht den bisher behandelten invertierenden Schmitt-Trigger sondern einen nichtinvertierenden Schmitt-Trigger, der bei Überschreiten der oberen Schwelle eine positive Ausgangsspannung liefert.

Zu diesem Zweck gibt man das Eingangssignal einfach über einen Widerstand zusätzlich zu dem rückgeführten Signal auf den nichtinvertierenden Eingang (Bild 111).

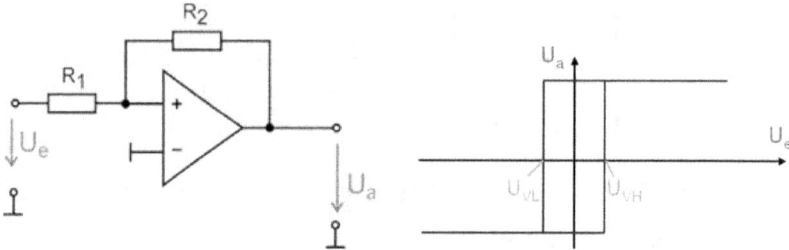

Bild 111: Nichtinvertierender Schmitt-Trigger

Eine Verschiebung der Hystereseschleife kann man erzielen, wenn man an den nichtinvertierenden Eingang eine zusätzliche Spannung (U.) legt.

Die Gleichung für die obere und untere Schaltschwelle ergibt sich dann nach Anwendung des Überlagerungsprinzips:

$$U_{V_{H/L}} = \pm \frac{R_1}{R_2} \cdot U_{a\,max} + (\frac{R_1}{R_2} + 1)\, U_-$$

3.9 Integrator

Operationsverstärker können durch eine recht einfache externe Beschaltung als Integratoren eingesetzt werden. Hierdurch sind bzw. waren sie besonders für die Verwendung in Analogrechner geeignet. Der Rückführwiderstand wird gegenüber einem invertierenden Verstärker durch einen Kondensator ersetzt (Bild 112).

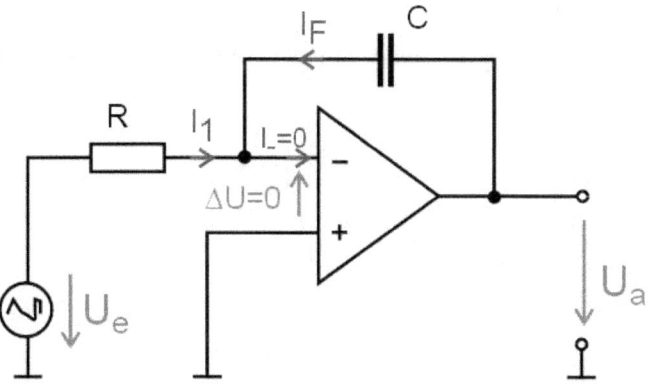

Bild 112: Integrator

Die Analyse der Schaltung erfolgt genau wie beim invertierenden Verstärker. Nur muss die Beziehung zwischen Strom und Spannung am Kondensator berücksichtigt werden:

$$U_a = U_C = \frac{1}{C} \int I_F dt$$

Durch die negative Gleichheit des Feedbackstromes I_F und des Eingangsstromes I_1 ergibt sich:

$$I_F = -I_1 = -\frac{U_e}{R}$$

Nach Einsetzen in das Integral erhalten wir:

$$U_a = \frac{1}{C} \cdot \int \frac{-U_e}{R} dt$$

Eigentlich sollte man die zeitlich veränderlichen Größen gemäß Konvention kleinschreiben. Es ergibt sich somit also als endgültige Formel für den Integrator:

$$\boxed{u_a = \frac{-1}{RC} \cdot \int u_e dt}$$

Hinweis: In der Praxis wird zum Kondensator noch ein hochohmiger Widerstand parallel geschaltet, damit kleine Offsets den Integrator nicht nach längerem Betrieb „weglaufen" lassen.

3.10 Differenzierer

Vertauscht man Widerstand und Kondensator im Integrator, so erhält man einen Differenzierer (Bild 113).

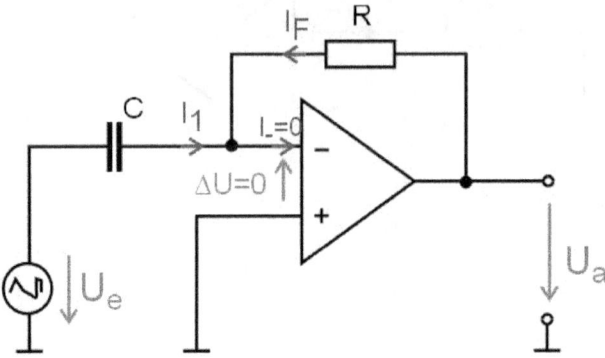

Bild 113: Differenzierer

Hier muss nun am Eingangskondensator der Zusammenhang zwischen Strom und Spannung am Kondensator eingesetzt werden. Wir erhalten (wg. $\Delta U=0$):

$$I_1 = C \cdot \frac{dU_C}{dt} = C \cdot \frac{dU_e}{dt}$$

und unter Verwendung der schon von den anderen Schaltungen bekannten Beziehung

$$I_F = \frac{U_a}{R} = -C \cdot \frac{dU_e}{dt} = -I_1$$

somit nach Umstellen der Gleichung nach der Ausgangsspannug des Differenzierers unter Verwendung der Kleinschreibung zeitveränderlicher Größen::

$$u_a = -RC \cdot \frac{du_e}{dt}$$

Hinweis: In der Praxis wird zum Kondensator noch ein hochohmiger Widerstand parallel geschaltet, damit hohe Frequenzen am Eingang (z.B. von Eigenrauschen o.ä.) nicht zu hohen Ausgangsstörpegeln führen. Wenn man nämlich das Übertragungsverhalten eines Differenzierers betrachtet, stellt man fest, dass die hohen Frequenzen besonders stark verstärkt werden.

3.11 Addierer

Auf sehr einfache Art lässt sich mit Hilfe von OPs auch ein Addierer (Summierer) aufbauen.

G. Schmitz: Elektronik für Ingenieurstudenten   © Copyright 2015

Dabei werden weitere Spannungseingänge über Widerstände an den invertierenden Eingang geführt.

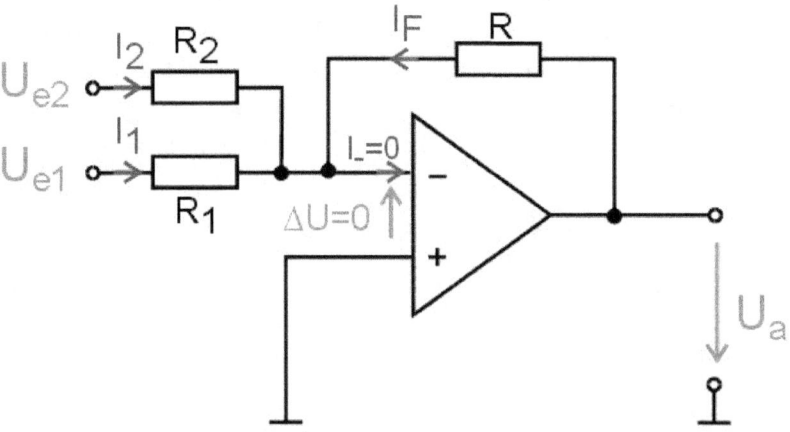

Bild 114: Addierer

Die Gleichungen sind ähnlichen denen des invertierenden Verstärkers (Kapitel 3.2). Allerdings kommt hier ein weiterer Strom, I_2, dazu:

$$I_F = \frac{U_a}{R_F}$$

$$I_F + I_1 + I_2 = I_- = 0 \quad \Rightarrow \quad I_F = -(I_1 + I_2)$$

$$I_F = \frac{U_a}{R_F} = -(I_1 + I_2) = -(\frac{U_{e1}}{R_1} + \frac{U_{e2}}{R_2})$$

Für den Spezialfall, dass $R_F = R_1 = R_2$ ist, gilt dann:

$$\boxed{U_a = -(U_{e1} + U_{e2})}$$

Durch hinzufügen weiterer Eingänge lässt sich der Addierer beliebig erweitern.

Hinweis: Der Vorteil dieser Schaltung gegenüber einer Reihenschaltung, in der sich ja auch die Spannungen addieren, besteht darin, dass die Eingangsspannungen jeweils auf Masse (Ground) bezogen sind.

3.12 PID-Regler

Eine Anwendung für die drei zuletzt vorgestellten Schaltungen stellt der am häufigsten verwendete Reglertyp, der PID-Regler dar. PID heißt „proportional, integral und diffential". Bei diesem Regler wird das Eingangssignal (im Normalfall die Regelabweichung) auf den Eingang eines Proportionalverstärkers, den Eingang eines Integrierers und den Eingang eines Differenzierers geschaltet. Die Ausgangssignale werden über Wichtungsfaktoren einem Addierer zugeführt. Über diese Wichtungsfaktoren kann das Verhalten des Reglers eingestellt werden. Im Rahmen dieses Umdruckes soll jedoch nicht näher auf den PID-Regeler eingegangen werden, da dieser noch ausführlich in der Vorlesung zur Regelungstechnik besprochen wird. Hier soll nur beispielhaft eine Prinzipschaltung mit OP-Verstärkern dargestellt werden, die sich aus den vorher vorgestellten Komponenten zusammensetzt.

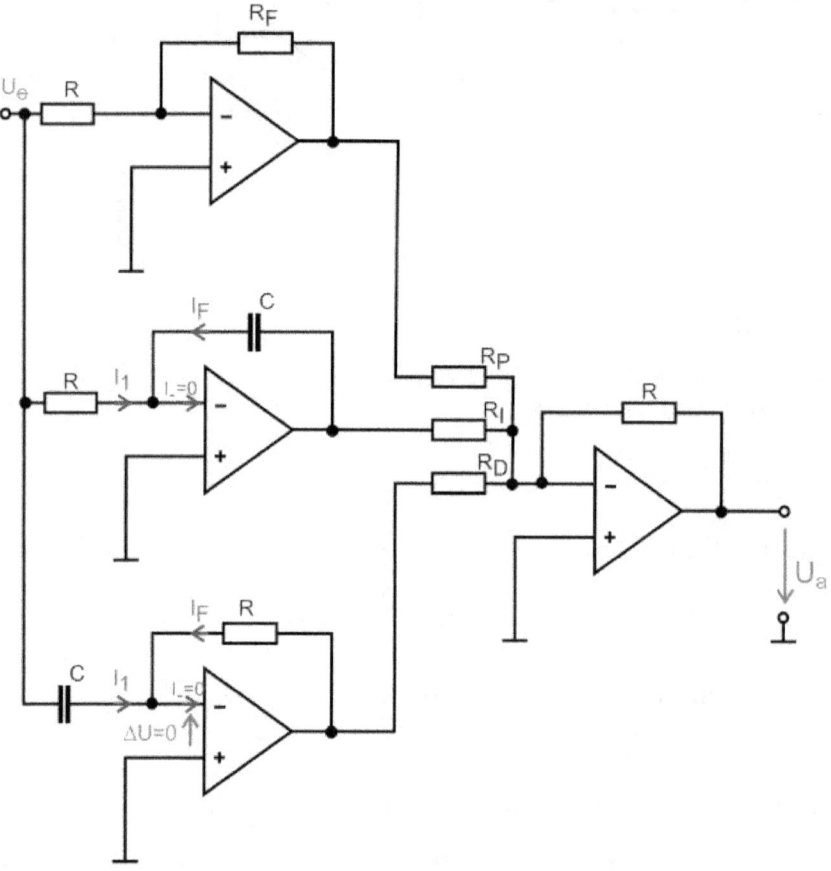

Bild 115: PID-Regler

Hinweis zur Schaltungspraxis: Um die Stabilität der Schaltung zu erhöhen, würde den Kondensatoren noch jeweils ein (hochohmiger) Widerstand hinzugefügt.

G. Schmitz: Elektronik für Ingenieurstudenten   © Copyright 2015

3.13 Weitere Anwendungen von OPs

3.13.1 Dreieck/Rechteck-Generator

Im Folgenden sollen noch weitere interessante Schaltungen gezeigt werden, die recht einfach aus OPs aufgebaut werden können.

Für viele Anwendungen werden rechteckförmige Eingangssignale benötigt, manchmal auch dreiecks-förmige (siehe Kapitel 3.13.2). Beide Signalarten lassen sich mit der in Bild 116 gezeigten Schaltung erzeugen. Die Schaltung besteht aus einem Integrierer und einem nichtinvertierenden Schmitt-Trigger, deren Eingänge jeweils auf den Ausgang des anderen geschaltet sind.

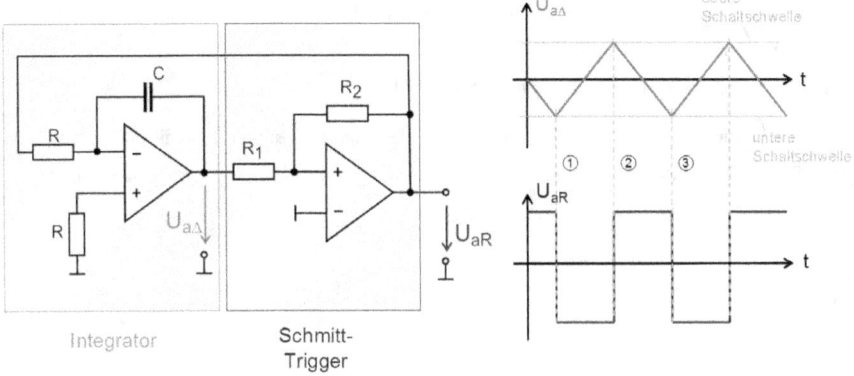

Bild 116: Rechteck/Dreieck-Generator

Gehen wir zunächst willkürlich davon aus, dass die Ausgangsspannung des Schmitttriggers U_{aR} maximal positiv sei (sie kann ja aufgrund des Schaltverhaltens nur max. positiv oder max. negativ sein).

Diese Ausgangsspannung gelangt nun auf den Eingang des (invertierenden) Integrators. Beginnend mit 0V (wegen des zunächst ungeladenen Kondensators) steigt die sich ergebende negative Ausgangsspannung des Integrators U_{aA} (betragsmäßig) an, bis sie die Schaltschwelle des Schmitttriggers erreicht, auf dessen Eingang sie geführt ist ①. Der Schmittrigger schaltet seinen Ausgang dann auf die maximal negative Spannung um. Der invertierende Integrierer reagiert darauf dann mit einer steigenden Spannung, solange bis wiederum die obere Schaltschwelle des Schmitttriggers erreicht wird ②. Die Ausgangsspannung des Schmitttriggers wird nun wieder positiv und der Vorgang wiederholt sich.

3.13.2 Pulsweitenmodulator

Ein weiteres Beispiel für eine einfache, aber effektive Schaltung mit Operationsverstärkern stellt der Pulsweitenmodulator dar, der zum Betrieb eine Dreieckspannung benötigt.

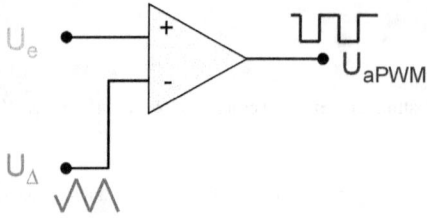

Bild 117: Pulsweitenmodulator

Bild 117 zeigt die Schaltung, bei der der OP als Komparator eingesetzt wird. Mit Hilfe dieser Schaltung kann ein analoges Eingangssignal in ein digitales Ausgangssignal gewandelt werden, dessen Einschaltdauer bzw. dessen Tastverhältnis (s.u.) von der Höhe der Eingangsspannung abhängt. Legt man an einen Eingang (hier den nichtinvertierenden) eine hohe Spannung an, so ergibt sich eine Situation entsprechend den linken Diagrammen in Bild 118.

Zunächst ist die Eingangsspannung U_e größer als die Dreiecksspannung U_D, mit der sie verglichen wird. Der Ausgang des Vergleichers U_{aPWM} ist dann auf seiner maximalen positiven Spannung.

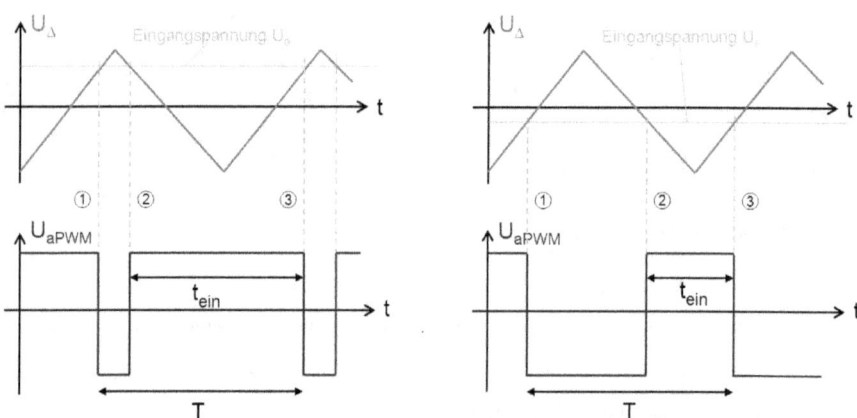

Bild 118: Beispiele für Signalverläufe am Pulsweitenmodulator bei verschiedenen Eingangsspannungen

Sobald die Dreiecksspannung den Wert der Eingangsspannung übersteigt, springt die Ausgangsspannung auf den maximal möglichen negativen Wert ①. Sobald die Dreiecksspannung wieder unter den Wert der Eingangsspannung sinkt, wird das Ausgangssignal wieder positiv ②. Diese Vorgänge wiederholen sich dann periodisch.

G. Schmitz: Elektronik für Ingenieurstudenten
© Copyright 2015

Im rechten Teil des Bildes ist das Verhalten der Schaltung bei einer niedrigeren, negativen Eingangsspannung dargestellt. Man erkennt, dass das Ausgangssignal deutlich kürzere positive Phasen aufweist. Je höher die Eingangsspannung ist, desto länger ist die positive Phase der Ausgangsspannung.

Das Verhältnis der positiven Phase zur gesamten Periodendauer wird meist als „Tastverhältnis" (duty cycle) bezeichnet. Gemäß Norm ist eigentlich der Begriff „Tastgrad" richtig.

Der Vorgang des Umwandelns der analogen Spannung in ein digitales Signal, bei dem die Information über die ursprüngliche Spannung im Tastverhältnis des Digitalsignals steckt, wird als „Pulsweitenmodulation" (pulse width modulation) bezeichnet (manchmal auch „Pulsbreitenmodulation" genannt). Das Tastverhältnis wird dann auch mit „PWM" abgekürzt und in Prozent angegeben:

$$PWM = \frac{t_{ein}}{T} \text{ (Angabe in \%)}$$

Bei einer Dreieckspannung mit ‚0' als minimaler Spannung ist das Tastverhältnis direkt proportional zur Eingangsspannung.

Eine weitere Anwendung ist die verlustarme Leistungssteuerung durch Ein- und Ausschalten des Verbrauchers, So wird z.B. bei Heckleuchten von Kraftfahrzeugen, dort wo Leuchtdioden für Rück- und Bremslichter eingesetzt werden, die LEDs beim Bremsen dauernd eingeschaltet, beim Betrieb als Schlussleuchte mit einem Pulsbreitenmodulierten Signal angesteuert, um die Helligkeit zu reduzieren. Die Frequenz mit der das geschieht, liegt bei mehr als 50Hz, so dass unser Auge diese Taktung nicht bemerkt, sondern ein Dauerleuchten wahrnimmt. Nur bei schnellen Augenbewegungen erkennt man ein gewisses Flimmern.

3.13.3 Schmitt-Trigger-Oszillator

In Kapitel 3.13.1 haben wir bereits eine Schaltung zur Erzeugung von Dreieck- und Rechtecksignalen kennengelernt. Wird lediglich ein Rechtecksignal benötigt, so lässt sich dieses sogar nur mit einem Operationsverstärker erzeugen. Es wird wiederum ein Schmitttrigger verwendet. Zusätzlich zu der Rückführung auf den nichtinvertierenden Eingang wird das Ausgangssignal über einen Widerstand auf den invertierenden Eingang und einen damit verbundenen   Kondensator   zurückgeführt

(

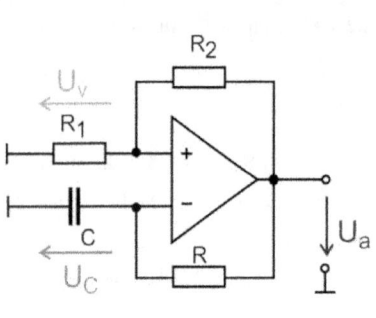
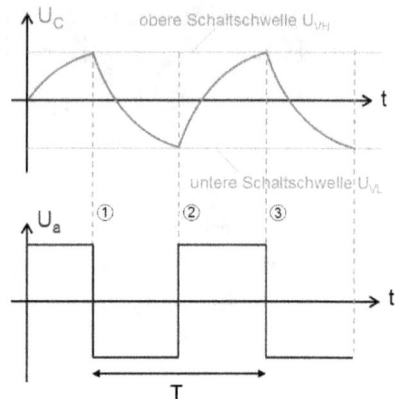

Bild 119).

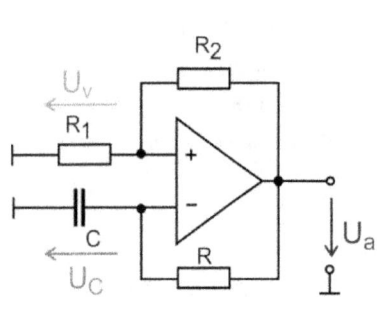
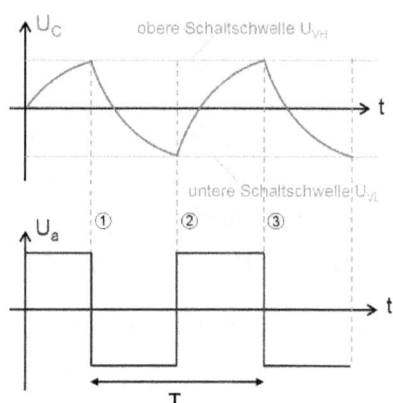

Bild 119: Schmitt-Trigger Oszillator mit OP

Die Ausgangsspannung U_a des Schmitttriggers sei zunächst wieder maximal positiv. Damit ist auch die Vergleichsspannung U_v positiv. Der Kondensator lädt sich nun über den Widerstand R solange auf, bis die Spannung U_c die Schaltschwelle U_v erreicht ①. Dann schaltet der Ausgang auf die maximale negative Spannung um. Somit wird auch die Vergleichsspannung U_v negativ. Der Kondensator wird nun umgeladen und strebt gegen die negative Ausgangsspannung bis er schließlich den Wert der Schaltschwelle U_v erreicht ②. Der Ausgang springt dann wieder auf die maximale positive Spannung und der Kondensator wird nun wieder umgeladen. Dieser Vorgang wiederholt sich mit der Periodendauer T, die von R und C, aber auch von den Vergleichsspannungen und somit vom Verhältnis von R_1 und R_2 abhängt.

Eine Variante dieser Schaltung wird auch in der Digitaltechnik zur einfachen Erzeugung von Rechteckpulsen verwendet. Bild 120 zeigt eine Schaltung mit einem einfachen digitalen Schmittriggerinverter.

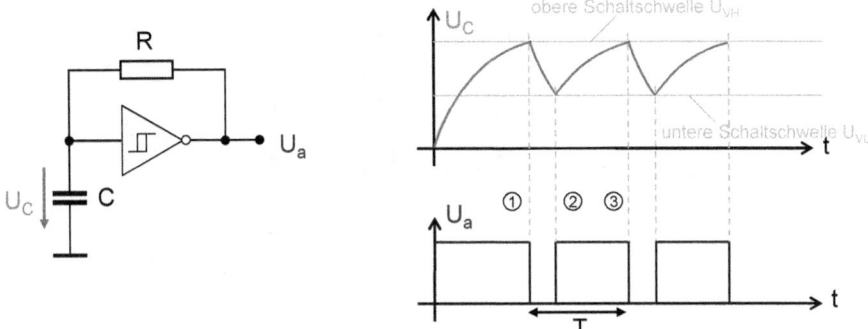

Bild 120: Schmitt-Trigger Oszillator mit digitalem Schmitt-Trigger-Inverter

Das Funktionsprinzip dieser Schaltung ist analog zu der vorigen Schaltung. Allerdings wird der Kondensator nach Erreichen der ersten Schaltschwelle ① nicht umgeladen, da der Ausgang des Inverters nicht kleiner als Null sondern eben nur Null wird. Der Kondensator beginnt sich dann zu entladen, bis die Kondensatorspannung UC unter die untere Schaltschwelle UVL absinkt ②. Dann wird der Ausgang des Schmittriggers wieder positiv und der Vorgang wiederholt sich.

3.14 D/A-Wandler, A/D-Wandler, Sample & Hold

OPs sind sehr vielseitig in ihrer Anwendung. Im Folgenden soll als Beispiel die Anwendung für einen Digital/Analog-Wandler (auch „DAC" = Digital Analog Converter) gezeigt werden.

D/A-Wandler

Digital/Analog-Wandler werden verwendet, um digitale Signale, wie sie z.B. von Computern oder Mikroprozessorsystemen ausgegeben werden, in analoge Signale, also z.B. unterschiedliche Spannungswerte umzuwandeln. Für eine entsprechende Umwandlung müssen die digitalen Signale im Allgemeinen als 0/1 Signale auf entsprechend vielen Leitungen parallel (gleichzeitig) vorliegen. Diese Signale können z.B. Schalter entsprechend ihrem Zustand (1 oder 0) ein- oder ausschalten.

Bild 121 zeigt die Ausführung eines 4-Bit D/A-Wandlers mittels eines sogenannten R/2R-Leiternetzwerks.

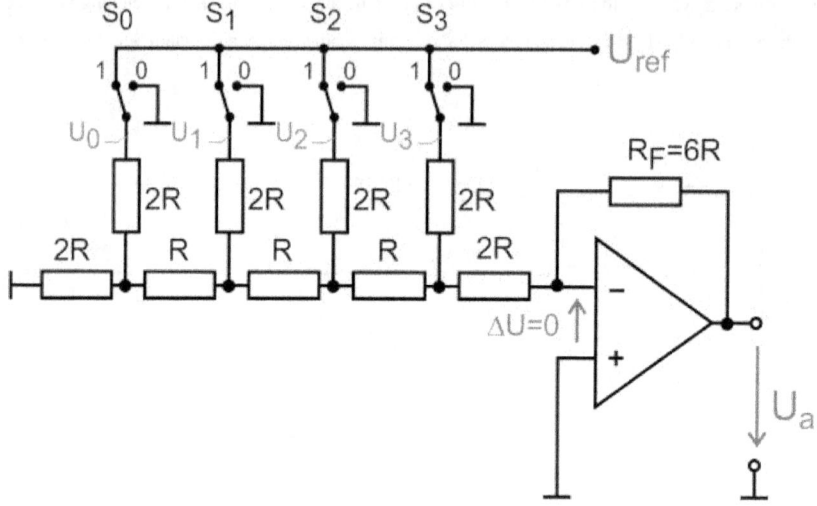

Bild 121: D/A-Wandler

Eine konstante Referenzspannung wird über die Schalter S_0 bis S_3 auf ein Widerstandsnetzwerk gegeben. Die Anordnung der Widerstände bedingt, dass durch die hiervon gebildeten Spannungsteiler die weiter links eingespeiste Spannung nur noch zur Hälfte gegenüber der weiter rechts liegenden Spannung wirksam ist. (Bei der genauen Analyse hilft die Anwendung des Helmholtzschen Überlagerungssatzes). Als Ausgangsspannung ergibt sich dann:

$$U_a = -(U_3 + \frac{U_2}{2} + \frac{U_1}{4} + \frac{U_0}{8}) = -U_{ref} \cdot (S_3 + \frac{S_2}{2} + \frac{S_1}{4} + \frac{S_0}{8})$$

G. Schmitz: Elektronik für Ingenieurstudenten   © Copyright 2015

In der folgenden Tabelle sind für ein Beispiel mit $U_{ref}=8\,V$ die sich ergebenden Ausgangsspannungen in Abhängigkeit der Schalterstellungen wiedergegeben.

S_3	S_2	S_1	S_0	U_a
0	0	0	0	0 V
0	0	0	1	1 V
0	0	1	0	2 V
0	0	1	1	3 V
0	1	0	0	4 V
0	1	0	1	5 V
0	1	1	0	6 V
0	1	1	1	7 V
1	0	0	0	8 V
1	0	0	1	9 V
1	0	1	0	10 V
1	0	1	1	11 V
1	1	0	0	12 V
1	1	0	1	13 V
1	1	1	0	14 V
1	1	1	1	15 V

Tabelle 2: Ausgangsspannung in Abhängigkeit der Schalterstellungen beim 4 Bit D/A-Wandler

Es ergeben sich $2^4 = 16$ verschiedene Kombinationen von Schalterstellungen mit entsprechend 16 verschiedenen Spannungen. Die Stufungen der Spannungen betragen hier 1 V. Die Feinheit der Abstufungen kann natürlich durch Erhöhung der Bitanzahl (Anzahl der Schalter) erhöht werden.

Allgemein ergibt sich für die Stufenhöhe ΔU:

$$\Delta U = \frac{U_{max} - U_{min}}{2^n - 1} \text{ mit n als Anzahl der Bits.}$$

In unserem Beispiel mit den 4 Bit lässt sich diese Formel leicht nachvollziehen. Bei 16 verschiedenen Spannungen hat man 15 mal (also 2^4 -1) die Spannungsdifferenz von 1V zwischen der höchsten Spannung U_{max} =15V und der kleinsten Spannung U_{min} = 0V.

A/D-Wandler (SAR-Verfahren)

Analog/Digital-Wandler werden verwendet, um analoge Signale (Spannungen) unterschiedlicher Höhe in unterschiedliche digitale Werte umzuwandeln.

Bild 122 zeigt ein sehr häufig verwendetes Wandlerprinzip, das einen guten Kompromiss aus Aufwand, Genauigkeit und Wandlungsgeschwindigkeit darstellt, das sogenannte Sukzessive Approximationsverfahren. Es verwendet intern eine Schaltlogik (SAR), deren Ausgang (Sig-

© Copyright 2015   G. Schmitz: Elektronik für Ingenieurstudenten

nale S_0 bis S_3) einen D/A-Wandler „füttert". Dessen Ausgangssignal U_V wird über einen als Komparator arbeitenden OP mit dem Eingangssignal U_e verglichen.

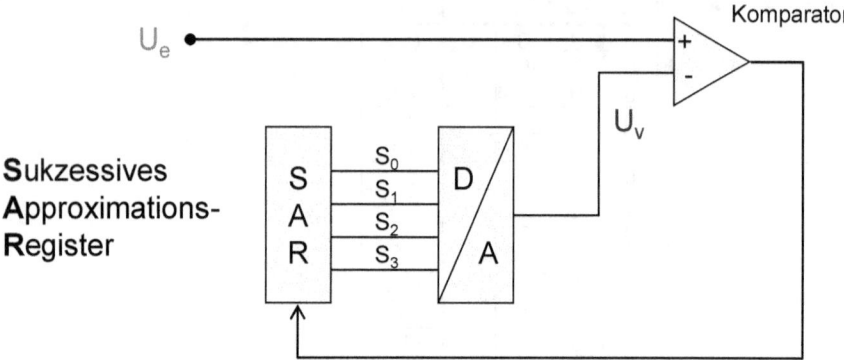

Bild 122: A/D-Wandler mittels Sukzessiver Approximation

Von der SAR-Logik wird zunächst nur das höchstwertige Bit S_3 eingeschaltet (siehe Bild 123). Liegt die Eingangsspannung U_e unterhalb der Ausgangsspannung U_V des D/A-Wandlers, wird das Bit wieder abgeschaltet ($\rightarrow 0$). Als nächstes wird das zweithöchste Bit S_2 eingeschaltet. Liegt die Eingangsspannung U_e nun oberhalb der Ausgangsspannung U_V des D/A-Wandlers, bleibt das Bit eingeschaltet und das nächste wird getestet. Wenn alle Bits durchgetestet sind, ergibt sich als Muster der 1 und 0 Bits der digitale Wert in Binärdarstellung (im dargestellten Beispiel: 0101 = 5).

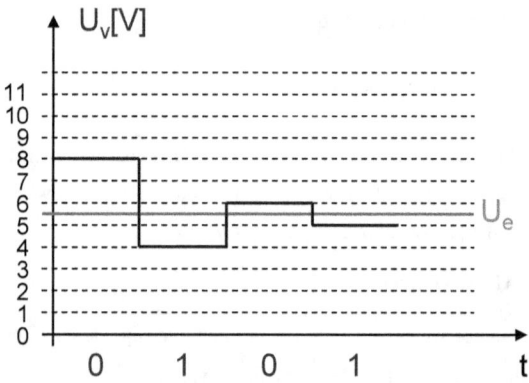

Bild 123: Sukzessives Approximationsverfahren

Sample and Hold Schaltung (S/H)

G. Schmitz: Elektronik für Ingenieurstudenten   © Copyright 2015

Damit das Eingangssignal des A/D-Wandlers während der Wandlung konstant bleibt, wird normalerweise ein Sample and Hold Schaltkreis davorgeschaltet. Dieser sorgt auch dafür, dass die Spannung zu einem genau definierten Zeitpunkt abgetastet wird.

Über einen Impedanzwandler gelangt das Eingangssignal $U^{\cdot}_e$ auf einen Schalter. Vor Beginn der Wandlung wird der Schalter nur kurz geschlossen und der dahinter liegende Kondensator dabei auf den Wert der Eingangsspannung aufgeladen. Durch den niedrigen Ausgangswiderstand des Impedanzwandlers erfolgt dies mit einer sehr kurzen Zeitkonstante. Der auf den Kondensator folgende Impedanzwandler leitet das Signal an den Wandler weiter.

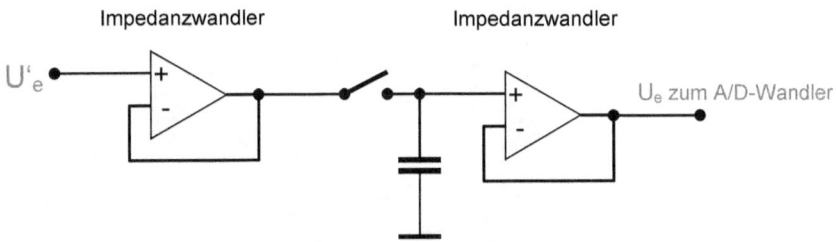

Bild 124: Sample And Hold Schaltung

Durch den hohen Eingangswiderstand des Impedanzwandlers ist die Entladezeitkonstante nach dem Öffnen des Schalters sehr groß und der Spannungswert ändert sich somit während des Zeitraums der Wandlung nicht mehr.

Weitere A/D-Wandler Verfahren

Je nach Anwendung ist die Verwendung eines SAR-Verfahren für die A/D-Wandlung nicht ausreichend. Die Genauigkeit lässt sich nicht unbegrenzt steigern. Außerdem kommt es bei hohen Auflösungen unter Umständen sogar zu einer nicht monotonen Übertragungsfunktion. Wenn die Widerstände des R/2R-Leiternetzwerks nicht extrem genau sind, kann es zu Situationen kommen, dass bei sich einer Erhöhung der Eingangsspannung ein niedrigerer Digitalwert ergibt.

<u>Flash Wandler</u>

Bei einem sogenannten Flash-Wandler oder Parallel-Wandler ist dies prinzipbedingt ausgeschlossen. Bei einem derartigen Wandler werden über einen Spannungsteiler aus vielen Widerständen (siehe Bild 125) eine Vielzahl von Referenzspannungen für entsprechend viele Komparatoren gebildet. Die Eingangsspannung wird gleichzeitig auf alle anderen Eingänge der Komparatoren gegeben. Alle Komparatoren, deren Referenzspannungseingänge auf einer niedrigeren Spannung als der Eingangsspannung liegen, liefern am Ausgang eine positive Ausgangsspannung (eine ‚1'). In einer relativ einfachen Schaltlogik werden diese Signale dann zu einem binären Bitmuster (D_0 bis D_n) zusammenge-fasst.

Nachteilig bei dieser Art Wandler ist der hohe Aufwand. Es sind bei einer geforderten Auflösung von n Bit immerhin 2^{n-1} Komparatoren erforderlich. Bei 10Bit Auflösung bedeutet dies schon eine Anzahl von 1023 Komparatoren.

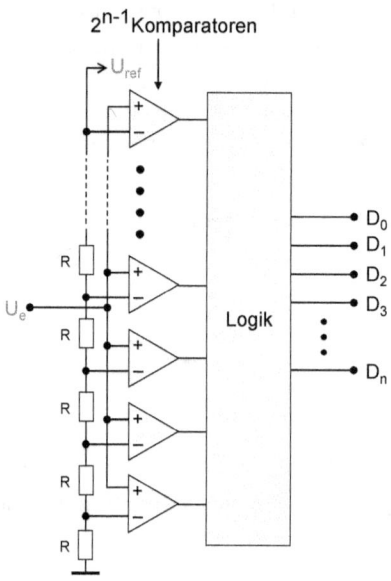

Bild 125: Flash-Wandler

Ein großer Vorteil des Flash-Wandlers ist seine Geschwindigkeit, da er alle Vergleiche auf einmal durchführt

Integrierende Wandler

Für Anwendungen mit hohen Anforderungen an Auflösung und Genauigkeit werden meist A/D-Wandler verwendet, die einen Integrator und einen Komparator aufweisen. Es gibt Single-, Dual- und Quad-Slope-Wandler. Gemeinsam ist diesen Wandlern, dass ein Spannungswert über einen Integrationsvorgang langsam ansteigt. Beim Single-Slope Verfahren wird die Zeit gemessen, bzw. werden die Impulse eines (hochfrequenten) zeitgenauen Signals gezählt, bis bei einer aufintegrierten Referenzspannung gerade der Wert der Eingangsspannung erreicht wird.

Beim Dual-Slope-Verfahren wird zunächst die Eingangsspannung über einen definierten Zeitraum aufintegriert und danach eine bekannte (negative) Referenzspannung integriert, bis der Ausgang des Integrators wieder auf Null gesunken ist (Bild 126).

G. Schmitz: Elektronik für Ingenieurstudenten   © Copyright 2015

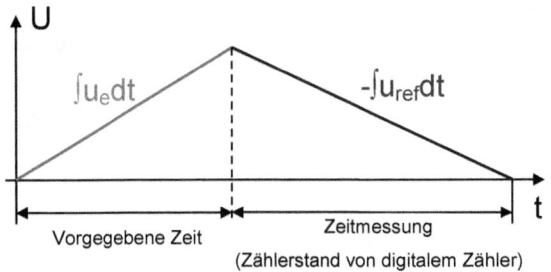

Bild 126: Dual-Slope Verfahren

Die Zeit, die für den zweiten Teil des Verfahrens benötigt wird, wird gemessen z.B. durch Zählen von Impulsen eines genauen Taktgenerators. Der Vorteil dieses Verfahrens gegenüber dem Single-Slope Verfahren liegt darin, dass die genaue Kapazität des Kondensators im Integrator keine Rolle spielt, da eine Abweichung gleichermaßen beim Aufintegrieren und beim „Abintegrieren" wirksam wird und sich somit aufhebt. Beim Quad-Slope-Verfahren wird noch eine gleichartige Messung aber mit einer Eingangsspannung von Null durchgeführt, um zusätzlich Nullpunktfehler korrigieren zu können.

Der Nachteil dieser Verfahren ist die relativ geringe Wandelgeschwindigkeit. Für Anzeigegeräte (Digitalmultimeter) spielt die Geschwindigkeit aber kaum eine Rolle, so dass diese Wandler bevorzugt hierbei eingesetzt werden.

Ein ähnliches Verfahren ist das Delta-Sigma Verfahren (Bild 127), bei dem das Signal in einem rückgekoppelten Prozess mit einer Art 1-Bit-D/A-Wandler jeweils auf die Differenz des erreichten Digitalwertes mit der Eingangsspannung geprüft wird.

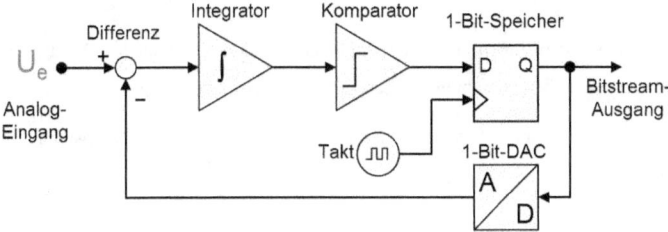

Bild 127: Delta-Sigma Verfahren

Delta-Sigma-Wandler werden oft für Audio-Anwendungen im Zusammenhang mit Überabtastung und anschließender digitaler Filterung genutzt. Dies kann genutzt werden, um das sogenannte „Aliasing" d.h. Verfälschung des gewandelten Signals durch zu hohe Frequenzanteile im Analogsignal zu vermeiden.

Anmerkung: Man findet für die A/D- und D/A-Wandler auch häufig den Begriff „Umsetzer". Dies rührt daher, dass von eineigen Experten ein „Wandler" definiert wird als eine Einrichtung, die <u>unterschiedliche</u> physikalische Signale ineinander umwandelt. Es hat sich aber auch die Bezeichnung „Wandler" eingebürgert für Einrichtungen, die gleichartige (z.B. elektrische) Signale „umwandeln". So gibt es die Bezeichnung Spannungswandler, wenn von einer Spannung auf eine andere umgesetzt wird.

3.15   Strom/Spannungswandler

Strom/Spannungswandler werden vor allem in der Messtechnik eingesetzt.

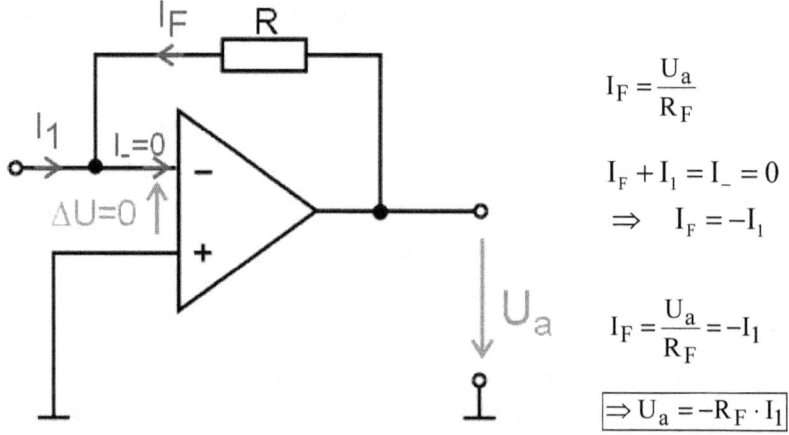

$$I_F = \frac{U_a}{R_F}$$

$$I_F + I_1 = I_- = 0$$
$$\Rightarrow \quad I_F = -I_1$$

$$I_F = \frac{U_a}{R_F} = -I_1$$

$$\boxed{\Rightarrow U_a = -R_F \cdot I_1}$$

Bild 128: Strom/Spannungswandler

Die Herleitung ähnelt dem invertierenden Spannungsverstärker aus Kapitel 3.2, ist aber noch einen Schritt einfacher, wie an den Gleichungen oben zu erkennen ist.

Eine Besonderheit eines solchen Strom/Spannungswandler ist, dass die Eingangsspannung Ue (=-ΔU) auf Null geregelt wird.

3.16   Spannungsregler

In Kapitel 3.5 (S.84) haben wir eine Schaltung kennengelernt, bei der ein Transistor zur Erhöhung der Strombelastbarkeit am Ausgang des OP verwendet wurde (Bild 99 auf Seite 86).

Bild 129 zeigt die Schaltung mit der leichten Modifikation, dass der invertierende Schaltungseingang auf Masse gelegt ist. Somit ergibt sich ein nichtinvertierender Verstärker, dessen Ausgangsspannung nach der üblichen allgemeinen Formel berechnet werden kann:

G. Schmitz: Elektronik für Ingenieurstudenten   © Copyright 2015

$$U_a = \frac{R_F + R_1}{R_1} U_{e+}$$

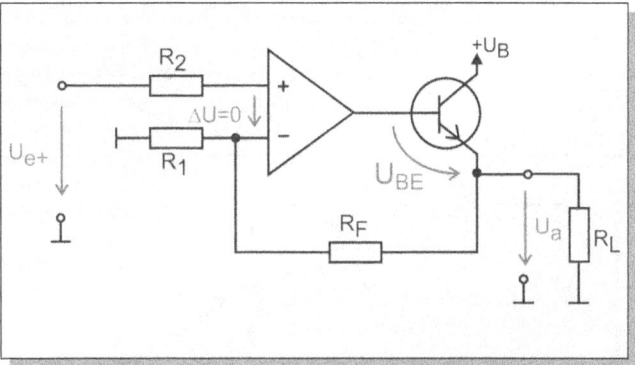

Bild 129: Prinzip einer spannungsgesteuerten Spannungsquelle

Da die Ausgangsspannung durch die Eingangsspannung gesteuert wird, spricht man auch von einer spannungsgesteuerten Spannungsquelle. Dieses Prinzip wird auch bei integrierten Spannungsreglern genutzt, die sehr häufig verwendet werden, um Spannungen auf ein konstantes Niveau mit kleinem Schaltungsaufwand (siehe Bild 130) herunterzuregeln.

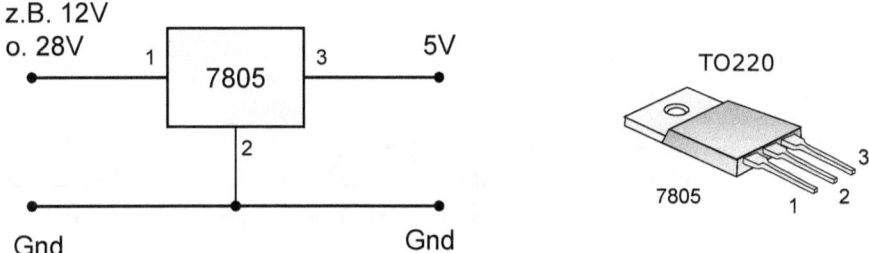

Bild 130: Verwendung eines integrierten Festspannungsreglers zur Spannungsreduktion

So werden solche Spannungsregler z.B. auch verwendet, um die Bordspannung von Flugzeugen (Gleichspannung nominal 28V) oder die von PKWs (nominal 12V) auf die häufig von Prozessoren benötigten 5 Volt herunterzuregeln. Allerdings muss bei den Reglern ein Spannungsgefälle ("drop-out") von mindestens 2V einkalkuliert werden, so dass die Versorgungsspannung zu jedem Zeitpunkt um mindestens 2V größer sein muss als die benötigte Ausgangsspannung.

Den internen Aufbau dieser Regler zeigt Bild 131. Man erkennt das Prinzip gemäß Bild 129; eine Spannung, die von dem gestrichelt umrandeten Block (nur Prinzipdarstellung) als Referenzspannung U_{Ref} auf den positiven Eingang des internen OP gegeben wird, steuert über den OP eine Darlingtonschaltung aus zwei Transistoren an. Über den Spannungsteiler aus dem Rückführwiderstand R_F und dem Widerstand R_1 wird die Ausgangsspannung auf den invertierenden Eingang des OP zurückgeführt. Durch diese Rückführung regelt der OP nun in bekannter Weise seine Eingangsdifferenzspannung zu Null. Somit wird also die heruntergeteilte Ausgangsspannung genau auf U_{Ref} geregelt. Die Ausgangsspannung stellt sich also auf eine konstanten Wert $U_a = \dfrac{R_F + R_1}{R_1} U_{Ref}$ ein.

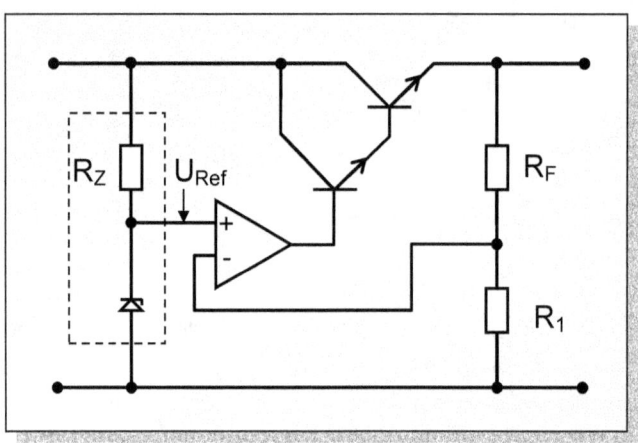

Bild 131: Internes Prinzip der Festspannungsregler

Tatsächlich beinhalten derartige integrierte Festspannungsregler noch weitere Funktionsblöcke für einen Überlastungsschutz.

Diese Familie von Festspannungsreglern ist unter den Bezeichnungen 78xx für unterschiedliche Spannungen (5V, 6V, 8V, 9V, 12V, 15V, 18V und 24V) verfügbar, wobei xx für die jeweilige Spannung steht (also z.B. 7805 für 5V). Entsprechende „Negativspannungsregler" stehen unter der Bezeichnung 79xx zur Verfügung. Alle diese Spannungsregler werden im TO220-Gehäuse (Bild 130) geliefert und können Ströme von 1A verarbeiten. Unter der Bezeichnung 78Lxx und 79Lxx stehen Typen in kleinerem Gehäuse für einen Strom von 100mA zur Verfügung.

Neben diesen Standardreglern existiert eine Fülle von weiteren Reglern z.B. mit variabel einstellbarer Ausgangsspannung oder auch mit einem geringen Spannungsabfall über dem Regler (Low Dropout Regler).

Neben den hier vorgestellten linearen Reglern, bei denen der Spannungsabfall über dem Regler zu entsprechend hohen Verlusten führt, gibt es auch noch getaktete Spannungsregler, die mit Hilfe von Spulen und Ein- und Ausschalten von Stromwegen relativ verlustarm auf größeren Spannungen kleinere Spannungen erzeugen (Buck-Regler) oder sogar auf der Ausgangsseite höhere Spannungen erzie-

         © Copyright 2015

len können als am Eingang (Boost-Regler). Diese Regler sind allerdings schwieriger in der Applikation und können unter Umständen auch zu Störungen in anderen Schaltungen führen (durch Abstrahlen hochfrequenter Signale oder auch durch Impulse auf den stromführenden Leitungen).

3.17 Symbole für gesteuerte Quellen und deren Verwendung bei OPs

Der OP kann in den meisten Anwendungen als spannungsgesteuerte Spannungsquelle betrachtet werden, da sein Ausgang durch die Rückführung konstant gehalten wird (auf einer Höhe abhängig von der Eingangsspannung) und der hieraus resultierende „Innenwiderstand" des Ausgangs zu Null wird – wie bei einer idealen Spannungsquelle.

Derartige gesteuerte Quellen lassen sich auch durch Kurzsymbole darstellen (Bild 132).

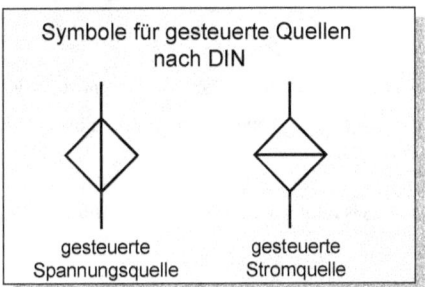 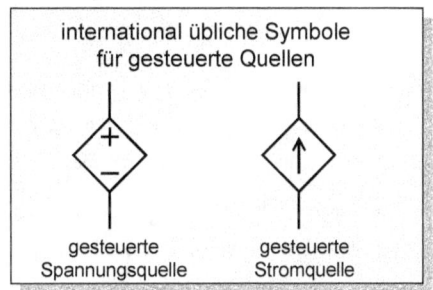

Bild 132: Symbole für gesteuerte Quellen

Der OP selber wird ausgangsseitig häufig auch mit einer internen spannungsgesteurten Spannungsquelle dargestellt:

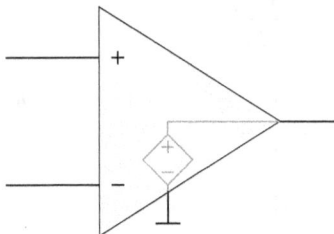

Bild 133: Darstellung des OP mit spannungsgesteuerter Spannungsquelle

3.18 Verstärkertechnik

In diesem Kapitel soll von dem genauen Schaltungsaufbau von OP-Verstärkern abstrahiert werden und nur noch das Verhalten von Verstärkerschaltungen allgemein betrachtet werden.

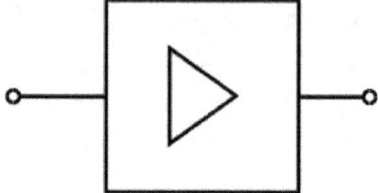

Bild 134: Normsymbol eines allgemeinen Verstärkers nach DIN EN 60617-10 (IEC 617-10), Symbol 10-15-02

Innerhalb des Symbols oder auch als Außenbeschriftung kann dabei die Verstärkung entweder als Verstärkungsfaktor (Verhältnis von Ausgangs- zu Eingangsspannung) angegeben sein, oder aber es ist ein Wert für die Verstärkung in dB angegeben.

Die Angabe in dB ist weit verbreitet und ist aus dem täglichen Leben in Form von Beschriftungen an Pegelanzeigen von Verstärkern o.ä. bekannt.

Es handelt sich dabei um ein logarithmisches Maß, dessen Werte bei Hintereinanderschaltungen von Verstärkern einfach addiert werden kann.

Die Definition der Verstärkung in dB, ausgehend vom Spannungsverhältnis zwischen Ausgangsspannung U_a und Eingangsspannung U_e lautet wie folgt:

$$v = 20dB \cdot \log_{10}(\frac{U_a}{U_e})$$

Diese Formel lässt sich auch als Verhältnis der Leistungen an Aus- und Eingang ausdrücken:

$$v = 10dB \cdot \log_{10}(\frac{P_a}{P_e})$$

Es ist aber wichtig zu wissen, das es keinen Unterschied zwischen „Spannungs- und Leistungs-dB" gibt.

Vielmehr kann man jede Verstärkung, die in dB gegeben ist in ein Spannungs- und/oder ein Leistungsverhältnis umrechnen.

 G. Schmitz: Elektronik für Ingenieurstudenten © Copyright 2015

Die folgende Tabelle gibt eine Übersicht über einige wichtige Werte:

V	$\dfrac{U_a}{U_e}$	$\dfrac{P_a}{P_e}$
0dB	1	1
20dB	10	100
40dB	100	10^4
6dB	2	4
3dB	$\sqrt{2}$	2
-20dB	1/10	1/100

Hinweis: Der Zusammenhang zwischen Spannungsverhältnis und Leistungsverhältnis bzw. den Umrechnungsformeln in dB wird deutlich, wenn man die Ausgangs- und Eingangsspannung an den gleichen Widerstand legt. Dann ergibt sich bei Einsetzen in die Leitungsformel:

$$\frac{P_a}{P_e} = \frac{U_a^2/R}{U_e^2/R} = \left(\frac{U_a}{U_e}\right)^2$$

Zieht man nun das Quadrat aus dem Argument der Logarithmusfunktion als Faktor vor den Logarithmus, so werden aus den 10dB in der Leistungsformel die 20dB aus der Spannungsformel.

Anmerkungen:

- *Bei der Anzeige an Verstärkern ist als Referenzpegel 0dB häufig der maximale Ausgangspegel gemeint. Demgemäß hat man bei einer Einstellung von -10dB eine um den Faktor 10 kleinere Ausgangsleistung.*

- *Bei der Angabe von Frequenzgängen bzw. Frequenzbereichen werden meistens die „3dB"-Grenzen verwendet, d.h. es werden die Frequenzen angegeben, bei denen die Leistung auf die Hälfte abgefallen ist.*

- *Es gibt Definitionen, bei denen sich die dB-Angaben auf bestimmte feste Referenzen beziehen. So ist z.B. der dBm-Wert bezogen auf eine absolute Leistung von 1mW, d.h. 0dBm entspricht genau einem Milliwatt.*

- *Aus der Akustik kennt man auch die Angabe in dBA (dB Adjusted). Dabei wird über den kompletten hörbaren Frequenzbereich eine Gewichtung entsprechend der Empfindlichkeit des menschlichen Ohres vorgenommen. Ein Pegel von 0dBA entspricht wiederum einem Wert von -85dBm. Die Hörbarkeitsschwelle liegt bei etwa 20dBA, die Schmerzgrenze bei 130dBA.*

Verstärkungen oder auch Dämpfungen (also Abschwächungen, mit negativen dB-Werten) lassen sich durch einfache Addition verknüpfen. Schaltet man also zwei Verstärker mit zum einen 6dB und zum anderen 10dB hintereinander, so erhält man eine Gesamtverstärkung von 26dB. Besonders praktisch ist dies, wenn man Die Frequenzgänge von Schaltungen betrachtet, die jeweils in dB aufgetragen sind. Dann ergibt sich der gesamte Verlauf der Verstärkung als Summe der beiden Kurven. Derartige Kurven werden meist doppelt logarithmisch aufgetragen, d.h. die Frequenzskala wird logarithmisch als Ordinate und die Verstärkung als Abszisse in dB aufgetragen. Derartige Diagramme werden Ihnen in Form so genannter Bode-Diagramme auch noch im Fach „Regelungstechnik" begegnen.

Als Beispiel für die Verknüpfung der Frequenzgangskurven sollen im folgenden die aus der Elektrotechnik- Vorlesung bekannten Hochpass- und Tiefpassschaltungen betrachtet werden.

Hochpass

Wenn wir hinter einen RC- Hochpass (siehe Elektrotechnik- Vorlesung) einen Verstärker mit sehr hohem Eingangswiderstand und einer Verstärkung von 1 (0dB) schalten, also einen Impedanzwandler, so wird der Hochpass nicht belastet (I = 0) und wir können die in der Elektrotechnik- Vorlesung hergeleiteten Formel verwenden:

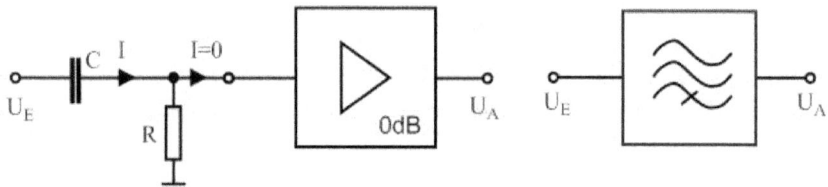

Bild 135: Hochpass mit Impedanzwandler, daneben Symbol für Hochpassfilter

(der grüne Rand dient nur der Kennzeichnung für die weiteren Erläuterungen)

$$U_A == U_E \frac{R}{\sqrt{R^2 + X_C^2}} = U_E \frac{1}{\sqrt{1 + \frac{X_C^2}{R^2}}} = U_E \frac{1}{\sqrt{1 + \frac{1}{(2\pi fRC)^2}}}$$

Bei der sogenannten Grenzfrequenz $f_G = \frac{1}{2\pi RC}$ ist die Spannung um den Faktor $\sqrt{2}$ kleiner als die Eingangsspannung. Dies entspricht einer Abschwächung von 3dB. Bei Auftragung der „Verstärkung"

G. Schmitz: Elektronik für Ingenieurstudenten   © Copyright 2015

in dB über der logarithmisch skalierten Frequenz mit einer Grenzfrequenz von beispielsweise 10Hz ergibt sich der in Bild 136 gezeigte Verlauf.

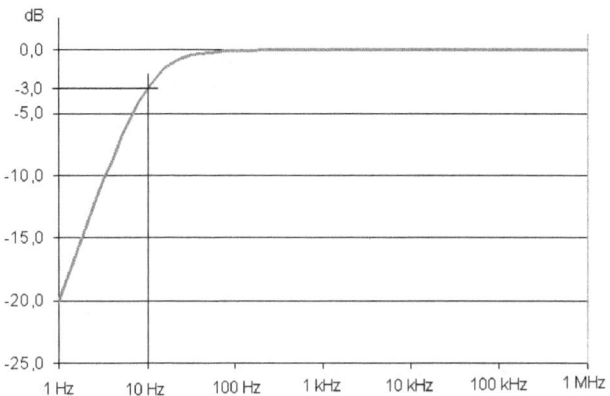

Bild 136: Durchlasskurve eines Hochpasses mit einer Grenzfrequenz von 10Hz

Tiefpass

Wenn wir hinter einen RC- Tiefpass einen Verstärker mit sehr hohem Eingangswiderstand und einer Verstärkung von 1 (0dB) schalten, also einen Impedanzwandler, so wird der Tiefpass nicht belastet und wir können die in der Elektrotechnik- Vorlesung hergeleiteten Formel verwenden:

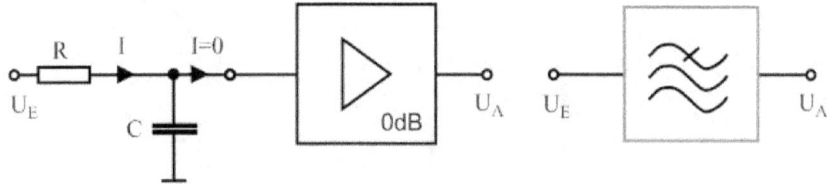

Bild 137: Tiefpass mit Impedanzwandler, daneben Symbol für Tiefpassfilter

(der blaue Rand dient nur der Kennzeichnung für die weiteren Erläuterungen)

$$U_A = U_E \frac{X_C}{\sqrt{R^2 + X_C^2}} = U_E \frac{1}{\sqrt{\frac{R^2}{X_C^2} + 1}} = U_E \frac{1}{\sqrt{(2\pi fRC)^2 + 1}}$$

Bei der sogenannten Grenzfrequenz $f_G = \frac{1}{2\pi RC}$ ist die Spannung um den Faktor $\sqrt{2}$ kleiner als die

Eingangsspannung. Dies entspricht einer Abschwächung von 3dB. Bei Auftragung der „Verstärkung" in dB über der logarithmisch skalierten Frequenz mit einer Grenzfrequenz von beispielsweise 100kHz ergibt sich der in Bild 138 gezeigte Verlauf.

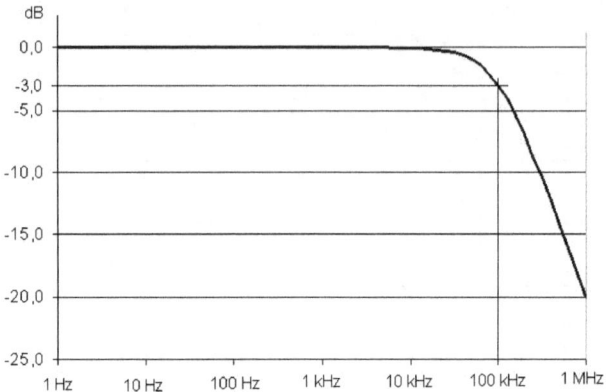

Bild 138: Durchlasskurve eines Tiefpasses mit einer Grenzfrequenz von 100kHz

Bandpass

Schaltet man einen derartigen Tiefpass hinter einen Hochpass mit einer Grenzfrequenz von 10Hz, ergibt sich die Durchlasskurve des gesamten Systems einfach als Addition der beiden einzelnen Durchlasskurven.

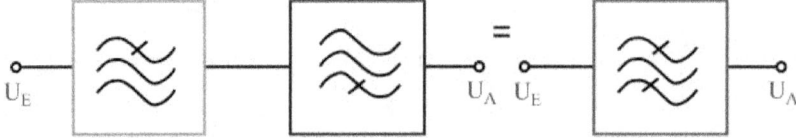

Bild 139: Links: Hintereinanderschaltung von Tiefpass und Hochpass, Rechts: sich ergebender Bandpass (Farben nur zur Zuordnung der Durchlasskurven)

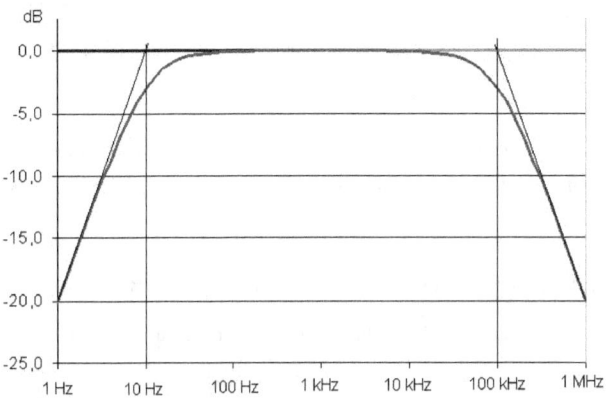

Bild 140: Durchlasskurve des resultierenden Bandpasses (in rot), Steilheit der Flanken:
20dB/Dekade

Hieraus erkennt man den Nutzen der Darstellung von Verstärkungen und Dämpfungen in dB.

Anmerkung: Die Steilheit der Kurven außerhalb des Durchlassbereiches beträgt bei den hier gezeig-
ten Hoch- und Tiefpassfiltern erster Ordnung 20dB pro Dekade bzw. 6dB pro Oktave. (Dekade =
Frequenzverhältnis 10, Oktave = Frequenzverhältnis 2). Diese Steilheiten sind im Diagramm des
Bandpasses als Tangenten eingezeichnet.

4 Digitaltechnik

Grundlagen der digitalen Logik

Digitaltechnik ist aus dem heutigen Leben nicht mehr wegzudenken. Das Grundprinzip der Digitaltechnik besteht darin, dass alle Verarbeitungsoperationen auf zwei Grundzuständen basieren:

„0" und „1".

Diese Grundzustände können sich in verschiedenen Ausprägungen manifestieren.

Die „1" kann bedeuten: Schalter ein, Strom bzw Spannung vorhanden, „wahr" und entsprechend

die „0"   Schalter aus, kein Strom bzw. Spannung. „falsch".

Derartige Zustände lassen sich durch Verknüpfungen zu komplexen Zusammenhängen kombinieren.

4.1 logische Grundverknüpfungen

4.1.1 UND-Verknüpfung (AND)

Als Beispiel für eine UND-Verküpfung nehmen wir den Satz:

> **Wenn die Sonne scheint UND es ist warm, gehe ich ins Schwimmbad.**

Wir können nun hierfür eine Tabelle mit Fallunterscheidungen aufstellen:

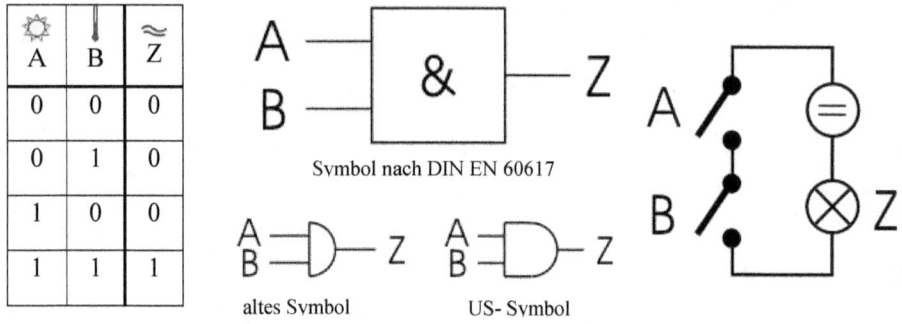

A	B	Z
0	0	0
0	1	0
1	0	0
1	1	1

Symbol nach DIN EN 60617

altes Symbol   US- Symbol

Bild 141:Wahrheitstabelle, Symbole und Schaltungsvariante des „UND"-Gatters

Wie wir der Tabelle entnehmen können, müssen beide Bedingungen erfüllt sein, damit das Ergebnis „wahr" wird.

Wenn die Bedingungen mit den Variablen A und B ausgedrückt werden und das Ergebnis mit dem Buchstaben Z, so schreibt man:

$$Z = A \cdot B \quad \text{oder alternativ:} \quad Z = A \wedge B$$

Wir wollen hier im Weiteren die erste Schreibweise verwenden.

Neben der Tabelle sind Schaltsymbole zur Verwendung in Schaltplänen wiedergegeben. Wir werden im Weiteren die Symbole nach DIN EN 60617 (IEC 617) verwenden, auch wenn diese Symbole im Vergleich zu den älteren Symbolen bzw. den international meist noch gebräuchlichen runden Symbolen in komplexeren Schaltplänen zu einer schlechteren Übersicht führen.

4.1.2 ODER-Verknüpfung (OR)

Als Beispiel für eine ODER-Verküpfung nehmen wir den Satz:

Wenn es Fisch oder Hähnchen gibt, gehe ich in die Mensa.

Wir können nun hierfür wiederum eine Tabelle mit Fallunterscheidungen aufstellen:

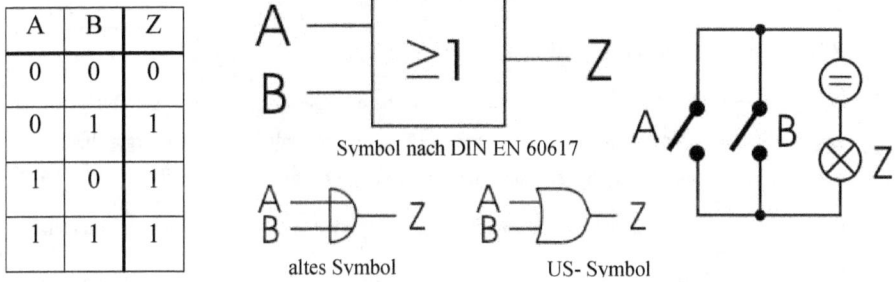

A	B	Z
0	0	0
0	1	1
1	0	1
1	1	1

Bild 142:Wahrheitstabelle, Symbole und Schaltungsvariante des „ODER"-Gatters

Wie wir auch der Tabelle entnehmen können, muss lediglich eine der Bedingungen erfüllt sein, damit das Ergebnis „wahr" wird.

Die Schreibweise zur Verknüpfung der Variablen ist:

$$Z = A + B \quad \text{oder alternativ:} \quad Z = A \vee B$$

Wir wollen hier im Weiteren die erste Schreibweise verwenden.

4.1.3 Die Negation (NICHT, NOT)

Als Beispiel für eine Negation nehmen wir den Satz:

Nur wenn es regnet, fahre ich nicht mit dem Fahrrad zur FH.

Die Tabelle enthält aufgrund der nur noch zwei möglichen Fälle entsprechend nur zwei Zeilen:

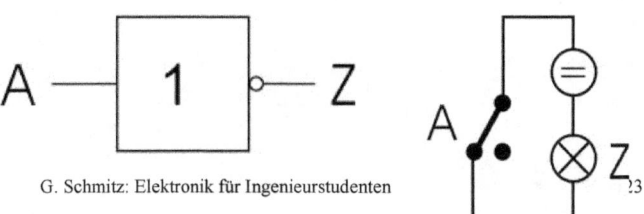

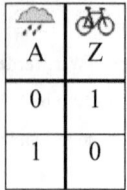

A	Z
0	1
1	0

Symbol nach DIN EN 60617

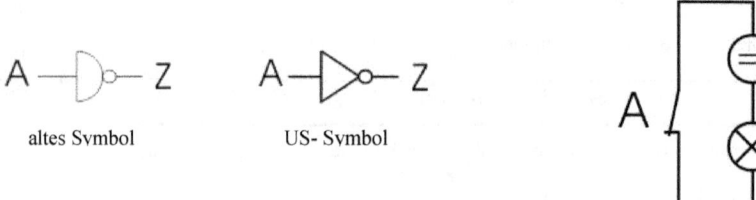

altes Symbol   US- Symbol

Bild 143:Wahrheitstabelle, Symbole und Schaltungsvariante des „NICHT"-Gatters

Zusätzlich zur Tabelle sind wiederum die Schaltsymbole dargestellt. Bei der Darstellung der Schaltung mit Schaltern/Kontakten sind zwei alternative Zeichnungsmöglichkeiten wiedergegeben, eine mit dem Ruhekontakt eines Umschalters, die andere mit einem "Öffner".

Der Wahrheitswert der Ergebnisvariablen ist also das Gegenteil von dem der Eingangsvariablen.

Wir kennzeichnen dies in der Variablenform durch einen Querstrich über der zu negierenden Variablen:

$$Z = \overline{A}$$

oder alternativ:

$$Z = \neg A$$

Wir wollen hier im Weiteren die erste Schreibweise verwenden.

Weitere Schreibweisen

Zusätzlich zu den hier vorgestellten Schreibweisen gibt es auch Alternativen, die ausschließlich Symbole aus dem ASCII-Zeichensatz verwenden. Die Und Verknüpfung wird durch das Kaufmanns- Und dargestellt ($Z = A\&B$), die Oder-Verknüpfung durch einen senkrechten Strich ($Z = A \mid B$) und die Negation durch einen Schrägstrich ($Z = /A$).

4.2   Weitere Logikschaltungen

Aus den in Kapitel 4.1 besprochenen Grundelementen lassen sich weitere Logikschaltungen ableiten.

4.2.1 Die NAND- Schaltung

Die NAND- Schaltung ergibt sich durch Invertierung eines UND- verknüpften Signals:

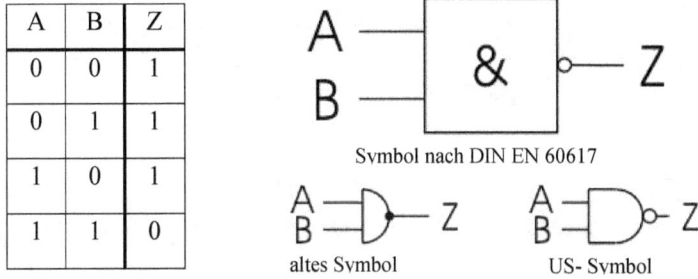

A	B	Z
0	0	1
0	1	1
1	0	1
1	1	0

Gleichung hierzu: $Z = \overline{A \cdot B}$

Bild 144: Wahrheitstabelle, Symbole und Gleichungsdarstellung des „NAND"-Gatters

4.2.2 Die NOR- Schaltung

Gleichermaßen ergibt sich durch Invertierung eines OR-Gatters ein NOR:

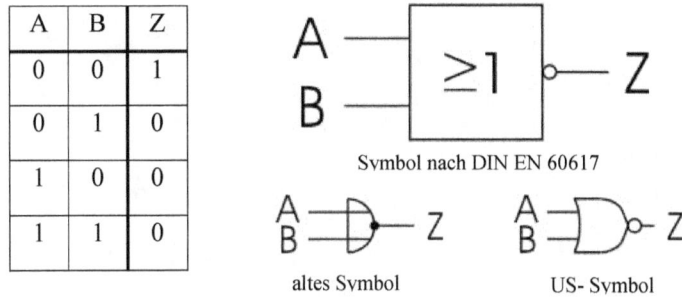

A	B	Z
0	0	1
0	1	0
1	0	0
1	1	0

Gleichung hierzu: $Z = \overline{A + B}$

Bild 145: Wahrheitstabelle, Symbole und Gleichungsdarstellung des „NOR"-Gatters

4.2.3 Exklusiv- Oder (EXOR, XOR, Entweder Oder), Antivalenz, Äquivalenz

Eine weitere Variante stellt das Exklusiv- Oder dar. Wie bei einer Entweder-Oder- Aussage ist das Ergebnis nur dann „wahr", wenn nur eine der beiden Eingangsvariablen „wahr" ist:

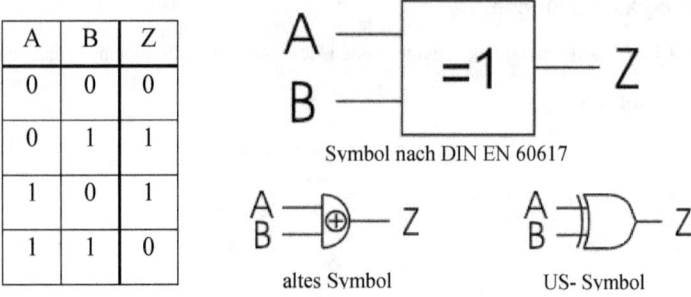

A	B	Z
0	0	0
0	1	1
1	0	1
1	1	0

Bild 146: Wahrheitstabelle, Symbole und Schaltungsvariante des „XOR"-Gatters

Diese Art der Funktion bezeichnet man auch als „Antivalenz", da nur dann das Ergebnis „wahr" wird, wenn beide Eingänge unterschiedlich sind.

Die Gleichung für eine derartige Funktion sieht etwas komplizierter aus:

$$Z = (\overline{A} \cdot B) + (A \cdot \overline{B})$$

Das Gegenteil zu dieser Funktion stellt die Äquivalenz dar, die dann ein wahres Ergebnis liefert, wenn beide Eingänge gleich (äquivalent) sind:

A	B	Z
0	0	1
0	1	0
1	0	0
1	1	1

Die Gleichung hierfür lautet:

$$Z = (\overline{A} \cdot \overline{B}) + (A \cdot B)$$

Mit Hilfe dieser Funktionsbausteine lassen sich u.a. gesteuerte Inverter realisieren.

Zur Simulation von logischen Bausteinen kann ein Programm von der Webseite des Autors heruntergeladen werden: http://gschmitz.de/ebooks/simulator.html

G. Schmitz: Elektronik für Ingenieurstudenten   © Copyright 2015

4.3 Rechenregeln der Boole'schen Algebra

Dem Rechnen mit den logischen Variablen liegen Rechenregeln zugrunde, die der normalen Algebra sehr ähnlich sind. Es gibt jedoch einige wichtige zusätzliche Regeln.

Kommutativgesetz (Vertauschungsgesetz)

$$A \cdot B = B \cdot A \ ; \quad A+B = B+A$$

Assoziativgesetz (Zuordnungsgesetz)

$$A \cdot (B \cdot C) = (A \cdot B) \cdot C \ ; \quad A+(B+C) = (A+B)+C$$

Distributivgesetz (Verteilungsgesetz)

$$A \cdot (B+C) = A \cdot B + A \cdot C$$

Tatsächlich gilt auch $A+(B \cdot C) = (A+B) \cdot (A+C)$, da dies jedoch nur für die Bool'sche Algebra gilt und nicht für die konventionelle, ist dies nicht gut zu merken und auch nicht so leicht einsichtig. Da es auch ohne Kenntnis dieser Variante geht, kann man sie getrost weglassen.

Satz von De Morgan

$$\overline{A \cdot B} = \overline{A} + \overline{B} \ ; \quad \overline{A+B} = \overline{A} \cdot \overline{B} \qquad \text{(Achtung: Änderung des Operationszeichens)}$$

Dies ist nicht sofort nachvollziehbar deshalb hier der Test: Alle möglichen Kombinationen von A und B werden in beide Seiten der Gleichung eingesetzt. Wenn sich bei allen Kombinationen für jede Seite das selbe Ergebnis ergibt, müssen die Seiten gleich sein:

A	B	$\overline{A \cdot B}$	$\overline{A} + \overline{B}$
0	0	1	1
0	1	1	1
1	0	1	1
1	1	0	0

tatsächlich liefern beide Seiten das selbe Ergebnis.

q.e.d.

Negationsgesetze

$$\overline{\overline{A}} = A \ ; \quad \overline{A} \cdot A = 0 \ ; \quad \overline{A} + A = 1$$

Absorption/Erweiterung

$$A + 1 = 1 \ ; \quad A + B \cdot A = A \ ; \quad A \cdot 1 = A$$

Tautologie (logischer Schluß)

$$A \cdot A = A \ ; \quad A+A = A$$

4.4　Logikbausteine mit statischen Zuständen

4.4.1　RS-Flipflop

Flipflops sind bistabile Elemente, die einen Schaltzustand speichern können. Die einfachste Variante ist das RS-Flipflop, das SET/RESET-Flipflop.

Ein Flipflop verfügt meist über zwei Ausgänge: einen normalen Ausgang, der mit Q bezeichnet wird und einen Ausgang, der mit $\overline{Q}$ bezeichnet wird. Ein Flipflop wird als "gesetzt" bezeichnet, wenn der Q-Ausgang auf "1" liegt und als "rückgesetzt", wenn der Q-Ausgang auf "0" liegt.

Das RS-Flipflop verfügt über zwei Eingänge, den SET und den RESET- Eingang. Im folgenden ist das Schaltsymbol dargestellt:

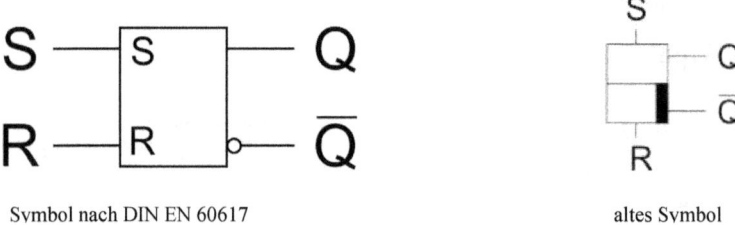

Symbol nach DIN EN 60617　　　　　　　　　　　　　　　　altes Symbol

Bild 147: Symbole des RS-Flipflops

In der Wahrheitstabelle lässt sich das Verhalten des Flipflops beschreiben, indem man darstellt, dass eine 1 an dem Set Eingang ein Setzen des Flipflops bewirkt (der Ausgang Q geht sofort auf 1), eine 1 am Reset Eingang R ein Rücksetzen bewirkt (der Ausgang Q geht sofort auf 0) und bei 0 an beiden Eingängen bleibt der vorige Zustand der Ausgänge (Q_{-1}) erhalten:

S	R	Q	$\overline{Q}$
0	0	Q_{-1}	$\overline{Q}_{-1}$
0	1	0	1
1	0	1	0
1	1	X	X

Der Zustand in der letzten Zeile ist nicht stabil. Bei den meisten technisch realisierten Flipflops verletzt er auch die Bedingung, dass die beiden Ausgänge gegenteiligen Pegel aufweisen sollten. Häufig sind beide Ausgänge 0 oder beide 1. Sobald jedoch mindestens eines der beiden Eingangssignale S oder R wieder auf Null geht, fällt das Flipflop in einen der anderen Zustände.

Beispiel für die Funktionsweise des RS-Flipflops:

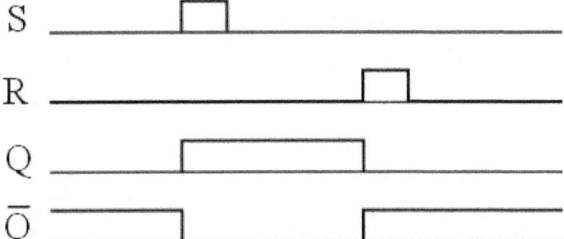

Bild 148: Beispiel für Signalverläufe am Flipflop

Häufig findet man das RS-Flipflop auch mit invertierenden Eingängen, dann wird den Eingängen ein "Kringel" zur Darstellung der Negation zugefügt.

$\bar{S}$	$\bar{R}$	Q	$\bar{Q}$
0	0	X	X
0	1	1	0
1	0	0	1
1	1	Q_{-1}	$\bar{Q}_{-1}$

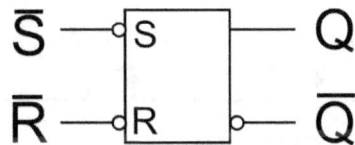

Symbol RS-FlipFlop mit invertierenden Eingängen

Bild 149: Wahrheitstabelle und Symbol eines RS-Flipflops mit invertierenden Eingängen

4.4.2 Toggle- Flipflop

Das Toggle-Flipflop (T-Flipflop) verfügt über einen einzigen Eingang und ebenso wie das RS-Flipflop über zwei Ausgänge, die jeweils invertiert zueinander sind.

Der Eingang ist "flankengesteuert" und wird als Takteingang oder auch "Clock" bezeichnet. Er reagiert nur auf "Flanken", d.h. einen Wechsel des Zustandes von 0 nach 1 (positiv flankengetriggert) oder von 1 nach 0 (negativ flankengetriggert).

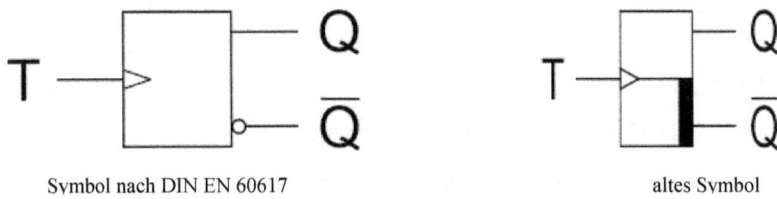

Symbol nach DIN EN 60617   altes Symbol

Bild 150: Symbole für das Toggle- Flipflop

Für die Wahrheitstabelle gibt es unterschiedliche Notationen. Zur Einführung soll hier eine anschauliche Variante verwendet werden. Der Takteingang wird teilweise mit T, teilweise aber auch mit C bezeichnet. Auch im Rahmen dieser Lehrveranstaltung werden die Bezeichnungen alternativ verwendet.

T	Q	$\overline{Q}$
0	Q_{-1}	$\overline{Q}_{-1}$
1	Q_{-1}	$\overline{Q}_{-1}$
↑	$\overline{Q}_{-1}$	Q_{-1}
↓	Q_{-1}	$\overline{Q}_{-1}$

In der Tabelle ist dargestellt, dass bei konstantem Pegel an dem Takteingang der vorige Zustand erhalten bleibt. Nur bei einem Übergang von 0 nach 1, der in der dritten Zeile dargestellt ist, wird der Ausgangszustand invertiert gegenüber dem vorigen Zustand. Dieses Verhalten wird als "positiv flankengetriggert" bezeichnet.

Beispiel für die Funktionsweise des positiv flankengetriggerten T-Flipflops:

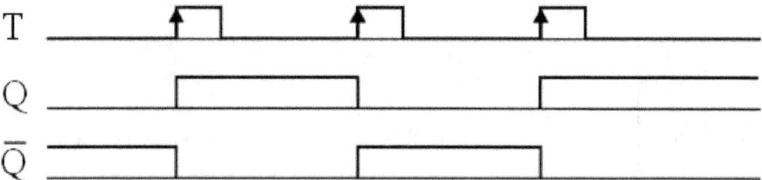

Bild 151: Signalverläufe beim positiv flankengetriggerten Toggle-Fliflop

Häufig findet man das Toggle-Flipflop auch mit negativ flankengesteuertem Eingang, dann wird dem Takteingang ein "Kringel" zur Darstellung der Negation zugefügt.

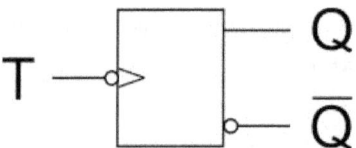

Bild 152: Negativ flankengetriggertes Toggle-Fliflop

4.4.3 D- Flipflop

Das D-Flipflop (D-FF) verfügt neben dem Takteingang über einen Daten- Eingang.

Der Takteingang ist ebenso wie der des T-Flipflops "flankengesteuert".

Funktion:

G. Schmitz: Elektronik für Ingenieurstudenten
© Copyright 2015

Bei einer positiven Flanke am Takteingang werden die Daten an den Ausgang übernommen. Danach ändert sich der Ausgang nicht mehr (bis zum Auftreten der nächsten positiven Flanke am Takteingang)!

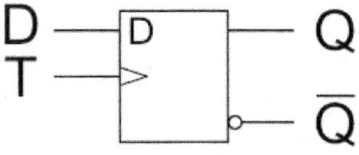

T	D	Q	$\overline{Q}$
↑	0	0	1
↑	1	1	0

Bild 153: Symbol und Funktionstabelle des D-Flipflops

Die Wahrheitstabelle wird hier in einer bereits reduzierten Form dargestellt. Alle Zustände, bei denen keine Änderung eintritt sind weggelassen.

Eine alternative Darstellungsform ergibt sich, wenn man den Zustand des Dateneingangs bei Eintreffen der pos. Taktflanke mit D-1 bezeichnet:

T	Q	$\overline{Q}$
↑	D_{-1}	$\overline{D}_{-1}$

T	Q_n	$\overline{Q}_n$
↑	D_{n-1}	$\overline{D}_{n-1}$

T	Q_{n+1}	$\overline{Q}_{n+1}$
↑	D_n	$\overline{D}_n$

Bild 154: Alternative Varianten der Funktionstabellen des D-Flipflops

Beispiel für die Funktionsweise des D-Flipflops:

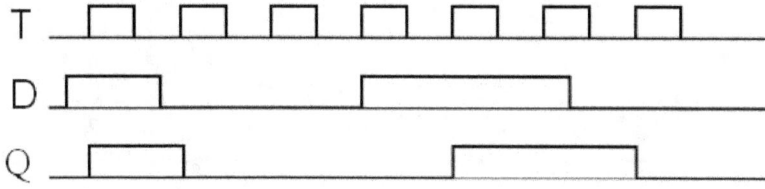

Bild 155: Signalverläufe zur Darstellung der Funktion des D-Flipflops

4.4.4 JK- Flipflop

Das JK-Flipflop ist dem D-Flipflop sehr ähnlich. Es verfügt jedoch neben dem Takteingang über zwei zusätzliche Eingänge, sogenannte "Vorbereitungseingänge" J und K.

Funktion:

Bei einer positiven Flanke am Takteingang (und nur dann ändert der Ausgang seinen Zustand) ergeben sich folgende Zustände für den Q-Ausgang:

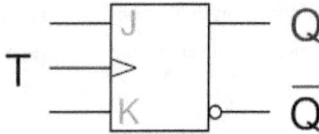

Bild 156: Symbol des JK-Flipflops

Die Wahrheitstabelle wird hier wiederum in reduzierter Form dargestellt. Alle Zustände, bei denen keine Änderung eintritt sind weggelassen. Auch die Spalte "T" kann im Prinzip entfallen und ist auch tatsächlich in vielen Datenbüchern weggelassen.

T	J	K	Q	$\overline{Q}$	
↑	0	0	Q_{-1}	$\overline{Q}_{-1}$	J und K sind beide Null: Ausgang ändert sich nicht
↑	0	1	0	1	J ist 0 und K ist 1: Das FF ist auf Null vorbereitet und der Ausgang wird bei Auftreten der pos. Taktflanke 0
↑	1	0	1	0	J ist 1 und K ist 0: Das FF ist auf Eins vorbereitet und der Ausgang wird bei Auftreten der pos. Taktflanke 1
↑	1	1	$\overline{Q}_{-1}$	Q_{-1}	J ist 1und K ist 1: Der Ausgang wechselt seinen Zustand wie bei einem Toggle-Flipflop

Beispiel für die Funktionsweise des JK-Flipflops:

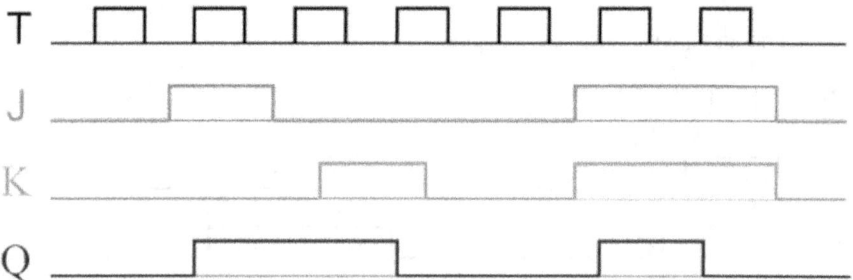

Bild 157: Signalverläufe zur Darstellung der Funktion des JK-Flipflops

4.4.5 Monoflops

Das Monoflop (MF) verfügt über einen Takteingang und wie die Flipflops über zwei Ausgänge.

Es gibt zwei unterschiedliche Typen, die retriggerbaren und die nicht-retriggerbaren. Auf die Unterschiede wird im Folgenden noch eingegangen.

Schaltsymbole:

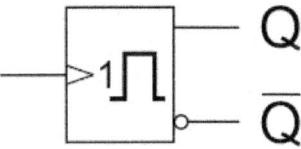 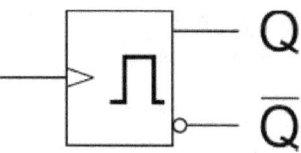

Monoflop, nicht retriggerbar   Monoflop, retriggerbar

Bild 158: Symbole für Monoflops

Die Funktion ist wie folgt:

Bei Eintreffen einer positiven Flanke am Takteingang wird das Monoflop sofort gesetzt, d.h. der Q-Ausgang geht auf 1 und der $\overline{Q}$-Ausgang geht auf 0.

Nach einer über externe Bauelemente einstellbaren Zeit t setzt sich das Monoflop wieder zurück, d.h. der Q-Ausgang geht auf 0 und der $\overline{Q}$-Ausgang auf 1.

Der Unterschied zwischen retriggerbaren und nicht-retriggerbaren Monoflops besteht nur in dem Verhalten bei Auftreten einer zweiten pos. Flanke während das Monoflop noch gesetzt ist.

Das retriggerbare reagiert mit einer Verlängerung der Einschaltzeit und das nicht retriggerbare ignoriert die Flanke. Dies ist auch in den Beispielen der folgenden Zeitdiagramme zu erkennen.

Beispiel für die Funktionsweise des retriggerbaren Monoflops:

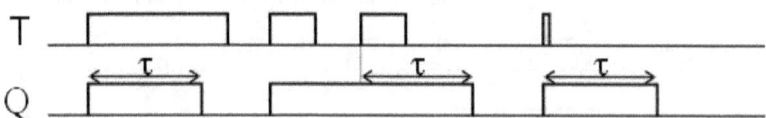

Bild 159: Signalverläufe zur Darstellung der Funktion des retriggerbaren Monoflops

Beispiel für die Funktionsweise des nicht retriggerbaren Monoflops:

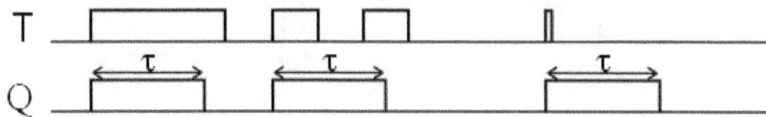

Bild 160: Signalverläufe zur Darstellung der Funktion des nicht retriggerbaren Monoflops

4.4.6 Flipflops und Monoflops mit zusätzlichen RS-Eingängen

Alle vorher besprochenen getakteten Flipflops und Monoflops können zusätzlich mit Set und/oder Reset Eingängen versehen sein.

Zwei Schaltsymbole seien hier beispielhaft dargestellt:

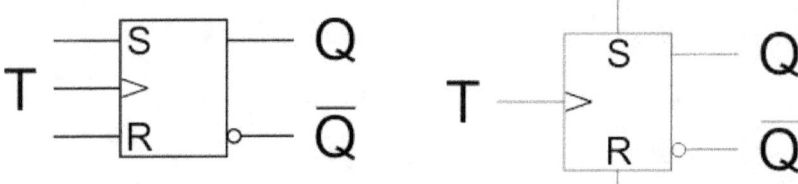

Bild 161: Toggle-Flipflop mit RS-Eingängen nach Norm und alternative Darstellung

Während es bei einem Toggle-Flipflop noch problemlos möglich ist, die S und R Eingänge auf der linken Seite unterzubringen, verliert sich bei D- und JK-FFs die Übersichtlichkeit. Deshalb wird auch bei dem im Simulator verwendeten Symbolen die Set- und Reset Eingänge jeweils oben (SET) und unten (RESET) dargestellt, so wie im rechten Bild gezeigt.

Die hier dargestellten Eingänge sind statisch und wirken somit sofort, unabhängig vom Taktsignal. Die Eingänge werden deshalb auch als „asynchron" bezeichnet. Das Verhalten eines Toggleflipflops mit RS-Eingängen ist also zunächst gleich wie bei einem RS-Flipflop. Lediglich wenn sowohl S als auch R Null sind, verhält sich das FF wie ein normales Toggle-Flipflop.

Beispiel für die Funktionsweise des Toggle-Flipflops mit asynchronem Set und Reset Eingang:

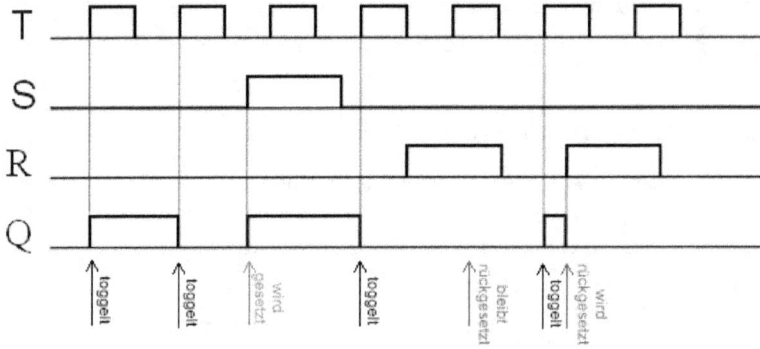

Bild 162: Signalverläufe zur Darstellung der Funktion des Toggle-Flipflops mit RS-Eingängen

A   Anhang

A1   Kennlinien verschiedener FETs

Transistortyp	Symbol	Kennlinien
Junction FET, n-Kanal		
Junction FET, p-Kanal		
MOSFET, p-Kanal, selbstleitend		
MOSFET, p-Kanal, selbstsperrend		
MOSFET, n-Kanal, selbstleitend		
MOSFET, n-Kanal, selbstsperrend		

A2 Beispiel maximale Leistungsberechnung mit und ohne Kühlung

Beispiel: Transistor BD137

aus Datenblatt

Thermischer Widerstand zwischen Sperrschicht („junction") und Umgebung („ambient")	$R_{thj\text{-}a}$	100 K/W
Thermischer Widerstand zwischen Sperrschicht („junction") und Montagefläche („mounting base")	$R_{thj\text{-}mb}$	10 K/W
Max. Sperrschichtemperatur	T_j	150°C

Beispielrechnung zur Ermittlung der max. zulässigen mittleren Verlustleistung:

ohne Kühlkörper bei Umgebungstemperatur von 20°C

$$P_{max} = \Delta T / R_{thj\text{-}a} \quad \frac{130K}{100K/W} = 1,3W$$

ohne Kühlkörper bei Umgebungstemperatur von 120°C (z.B. Motorraum):

$$P_{max} = \Delta T / R_{thj\text{-}a} \quad \frac{30K}{100K/W} = 0,3W$$

mit Kühlkörper $R_{thKK}=11K/W$ bei $T_U = 120°C$:

$$P_{max} = \Delta T / (R_{thj\text{-}mb} + R_{thKK}) =$$

$$\frac{30K}{21K/W} = 1,4W$$

G. Schmitz: Elektronik für Ingenieurstudenten   © Copyright 2015

A3   Beispiele Datenblätter Digitaltechnik

Beispiel aus industriellem Datenblatt: JK- Flipflop **4027**

FUNCTION TABLES

INPUTS					OUTPUTS	
S_D	C_D	CP	J	K	O	$\bar{O}$
H	L	X	X	X	H	L
L	H	X	X	X	L	H
H	H	X	X	X	H	H

INPUTS					OUTPUTS	
S_D	C_D	CP	J	K	O_{n+1}	$\bar{O}_{n+1}$
L	L	⤒	L	L	no change	
L	L	⤒	H	L	H	L
L	L	⤒	L	H	L	H
L	L	⤒	H	H	$\bar{O}_n$	O_n

Notes

1. H = HIGH state (the more positive voltage)
   L = LOW state (the less positive voltage)
   X = state is immaterial
   ⤒ = positive-going transition
   O_{n+1} = state after clock positive transition

TTL- JK-Flipflop 7473:

TRUTH TABLE

Present State					CL^Δ	Next State	
Inputs				Output		Outputs	
J	K	S	R	Q		Q	$\bar{Q}$
I	X	0	0	0	⌐	I	0
X	0	0	0	I	⌐	I	0
0	X	0	0	0	⌐	0	I
X	I	0	0	I	⌐	0	I
X	X	0	0	X	⌐_			← No Change
X	X	I	0	X	X	I	0
X	X	0	I	X	X	0	I
X	X	I	I	X	X	I	I

LOGIC I = HIGH LEVEL
LOGIC 0 = LOW LEVEL
Δ - LEVEL CHANGE
X - DON'T CARE

© Copyright 2015   G. Schmitz: Elektronik für Ingenieurstudenten

Dieses Buch ist auch als 3-bändiges eBook verfügbar.

Der Autor hat ebenfalls Bücher zur Elektronik veröffentlicht.

Eine Übersicht zu den eBooks und gedruckten Büchern findet sich unter:

http://gschmitz.de/ebooks

www.ingramcontent.com/pod-product-compliance
Lightning Source LLC
Chambersburg PA
CBHW070901180526
45168CB00005B/1890